无立柱钢架大棚

混凝土立柱钢架大棚

连栋温室

秧苗撒毒谷

立柱无土栽培蔬菜

黄瓜温室栽培（悬挂黄板诱杀）

佛手瓜搭棚架栽培

基质栽培番茄

水培茄子树

无公害蔬菜栽培新技术

（第二版）

主　编

孙中华　马　萱

编著者

（以姓氏笔画为序）

刘桂芬　邱占良　李　莉

杨海兰　胡颖敏　郭新声

崔永波　陶新宇　焦淑华

金盾出版社

内 容 提 要

发展无污染的绿色食品,已成为时代要求。本书概括介绍了无公害蔬菜生产的重要意义,我国无公害蔬菜发展现状,无公害农产品认证程序,无公害蔬菜栽培的基本措施、技术标准和操作技术等,并具体介绍了 30 种蔬菜无公害栽培方法,对提高蔬菜生产的经济和社会效益,有效地改善生态环境,具有现实指导意义。本书技术新,实用性强,适合广大菜农、农业技术人员、农业学校师生以及部队农副业生产人员阅读。

图书在版编目(CIP)数据

无公害蔬菜栽培新技术/孙中华,马萱主编.—2 版.—北京：金盾出版社,2012.7(2019.3 重印)
ISBN 978-7-5082-7531-4

Ⅰ.①无… Ⅱ.①孙…②马… Ⅲ.①蔬菜园艺—无污染技术 Ⅳ.①S63

中国版本图书馆 CIP 数据核字(2012)第 050849 号

金盾出版社出版、总发行
北京太平路 5 号(地铁万寿路站往南)
邮政编码：100036 电话：68214039 83219215
传真：68276683 网址：www.jdcbs.cn
北京天宇星印刷厂印刷、装订
各地新华书店经销
开本：850×1168 1/32 印张：7.375 彩页：4 字数：175 千字
2019 年 3 月第 2 版第 18 次印刷
印数：143 001~146 000 册 定价：22.00 元

再版前言

  《无公害蔬菜栽培技术》,是一本理论与实践相结合的无公害蔬菜生产技术实用手册。本书系统地介绍了无公害蔬菜的有关规定、农药在蔬菜生产中的施用方法、菜田科学管理措施,以及30种蔬菜无公害生产技术,并且特别介绍了芽苗菜和野生菜的无公害栽培的新方法,为全面开发无公害蔬菜生产提供了基本知识和技术。同时,本书针对蔬菜生产中的多发病和常见病,介绍了农业防治、生物防治及物理防治的主要措施。可大幅度减少化学农药用量,不但有益于无公害蔬菜生产,而且保护了生态环境,节省了投资,提高了蔬菜生产的经济效益和社会效益。再者,本书还介绍了细菜、特菜和食用菌生产技术,为菜农发展多品种蔬菜生产提供了方便。

  本书将科学理论与实践经验融为一体,广泛吸取了全国各地先进技术,综合介绍了各种有关资料,具有较强的科学性和实用性,是广大菜农发展无公害蔬菜生产的重要依据,也可作为农业技术学校师生和农业技术推广人员的参考资料。

  由于无公害蔬菜生产尚处于发展初期阶段,某些方面还要不断地总结经验,深入地进行理论研究,书中如有疏漏和错误之处,敬请批评指正。

编著者

第一章 概 述

一、发展无公害蔬菜生产的意义

(一)发展无公害蔬菜生产是保障人民身体健康的有效途径

"民以食为天,国以农为本",蔬菜是人民生活中必不可少的副食品。蔬菜和其他副食品一样,提供人体生命活动所必需的营养物质,保障人体健康。但是被污染的蔬菜会使人体摄入某些有害物质和有害元素,从而危及人体健康。因此,人们对蔬菜食品的要求,除数量、营养与品质得到保证外,还要特别注重食品的卫生与安全。

目前,显著影响蔬菜质量、可能对人群健康构成危害的污染主要有六类:一是空气污染。空气污染物如二氧化硫、氟化氢、氯气和粉尘等会影响蔬菜的生长。二是水质污染。用被废水、废渣、化肥、农药污染过的水源浇灌蔬菜后,会直接危害蔬菜的生长,此外一些有毒物质被蔬菜吸收后迁移到可食部位也会直接危害人体健康。三是土壤污染。土壤污染多是因为工业"三废"及蔬菜生产过程中过量地使用化肥和农药所引起。四是硝酸盐污染。硝酸盐在动物体内经微生物的作用极易还原成亚硝酸盐,而亚硝酸盐是一种有毒、致癌物质,甚至可引起食用者中毒死亡。蔬菜中硝酸盐的形成与氮肥施用量密切相关,因此无公害蔬菜生产必须严格控制硝酸盐含量。五是农药污染。长期以来,存在着生产者单纯为了追求产量,大量使用农药、化肥等农业投入品。特别是近年来,棚室蔬菜、反季节蔬菜在全国各地迅速发展,封闭式棚室内蔬菜栽培密集,加上温度高,病虫害发生较为严重,菜农为了防治病虫害往往过量喷洒农药,因而导致蔬菜产品中农药残留超标。六是其他污染。据研究,农膜增塑剂酞酯化合物有致癌、致畸、致突变的作用,要尽量避免使用。这六类污染物在蔬菜中富集达到一定量后,被人体食用,将对人体健康产生严重的不良影响。

与普通蔬菜相比,无公害蔬菜生产实行的是"从农田到餐桌"的全过程质量监测和控制技术体系,通过产前选择在无污染的生产环境建立无公害蔬菜生产基地,选用优良蔬菜品种,产中、产后严格限制化学物质投入为主要内容的生产、加工无公害操作规程,从源头上控制农药、化肥、植物激素、重金属和其他有毒有害物质对蔬菜产品的污染,因而能从根本上改善蔬菜产品质量,确保蔬菜质量安全可靠,也就保证了食用后不会对人体健康产生不良的影响。

(二)发展无公害蔬菜生产是农民增收、农业增效的需要

随着人们生活水平的提高,人们对蔬菜的质量也有了长足的认识,要求也越来越高,无公害蔬菜比普通蔬菜在质量上更能满足人们的需要,因而越来越受到青睐。目前,市场上蔬菜质量相对较差,难以适应市场需求。对于蔬菜产业来说,发展无公害蔬菜生产是提高蔬菜整体质量的必要措施和出路。国内外市场表明,无公害蔬菜比一般蔬菜价格高 20%以上,因而种植无公害蔬菜可以提高农民的收入。现在,北京、上海、天津、深圳等部分城市已开始实行农产品市场准入制度,并逐步在全国大中城市推行。实行市场准入制后,没有获得无公害农产品认证的农产品不准许进入市场销售。因此,必须大力发展无公害蔬菜生产,积极开展无公害蔬菜产地认证和产品认证,蔬菜产品才能得到市场的"准入证"和优质

优价的认可,有利于树立品牌,扩大影响,增强市场竞争力,保护广大消费者的利益,提高生产者和经营者的效益,实现农业增效、农民增收,促进农村经济稳步发展。

(三)发展无公害蔬菜生产是我国蔬菜产品进入国际市场的需要

我国蔬菜的种植资源十分丰富,种类及品种繁多,栽培历史悠久,是世界蔬菜植物最多和最古老的原产地之一。改革开放以来,随着各地蔬菜产业的迅猛发展,全国已形成一个流通大市场,冬季南菜北运,夏季北菜南运。国外市场也存在着巨大商机,但面临诸多困难。我国加入 WTO 后,在动植物卫生方面已承诺遵守《实施卫生与植物卫生措施协定》,在蔬菜领域强制性的国际标准质量认证被广泛应用,蔬菜的生产环境、原料基地、种植栽培、贮藏保鲜、深加工技术、卫生质量控制等都将得到外商认可,不仅蔬菜产品要符合统一的技术标准,且质量管理也要符合统一的标准,并要获得第三方认可。因此,只有符合商品质量标准的蔬菜,才能在国际市场流通。入世后,我国蔬菜产品的出口首当其冲的是必须经受产品安全性方面的检验。如不能达到无公害蔬菜的各项安全性和品质要求,我国的蔬菜就没有市场竞争力,就不能拓展国际市场。所以,只有发展无公害蔬菜,提高蔬菜质量档次,才有利于冲破国际市场中正在构筑的非关税贸易壁垒,有利于提高我国蔬菜产品在国际市场中的竞争力,促进出口创汇。

二、我国无公害蔬菜发展现状

无公害蔬菜是指产地环境、生产过程和最终产品符合无公害食品标准和规范,经专门机构认定,许可使用无公害农产品标志的蔬菜。无公害蔬菜注重产品的安全质量,可保障消费者对食品安全最基本的要求,是最基本的市场准入条件。

我国无公害蔬菜的研究与生产起步于 1982 年,1983 年在农业部植保总站的主持下,全国 23 个省市开展了无公害蔬菜研究、实验、推广工作。截止到 1998 年底,全国无公害农产品达 17 种,示范面积 29.2 万公顷,总产量 639.54 万吨,其中共有 95 家企业的 144 个蔬菜产品注册了绿色食品标志。

自开展无公害蔬菜的研究与生产以来,取得了一批既有一定理论深度又有广泛适用性的研究成果。研制开发了一批高效、无毒生物农药,总结出一套以生物防治为重点的蔬菜病虫害综合防治技术,即:在加强农业防治的前提下,在蔬菜病虫害发生期使用高效、无毒生物农药,并设法保护天敌。万一上述措施不奏效时,科学合理地选用高效低毒低残留化学农药,并严格控制农药的安全间隔期,尽量减少施药次数和降低用药浓度。初步探索出治理菜田土壤重金属污染的办法,蔬菜产品中的重金属污染问题获得有效的解决途径,实践表明,增施有机肥,可明显改善土壤理化性状,增加土壤环境容量,提高土壤还原能力,从而可以使铜、镉、铅等重金属在土壤中呈固定状态,蔬菜对这些重金属的吸收量相应地减少。另外,根据菜园土地的环境条件,利用排土客土工程法和就地表底土翻换工程法等工程措施,对各种重金属污染,均不失为良好的治理对策。对蔬菜中的硝酸盐污染问题进行了系统研究。蔬菜产品中的硝酸盐污染得到有效控制,研究出根据土肥条件针对蔬菜中硝酸盐污染的施肥技术,其要点是减少氮肥用量,多施有机肥少施化肥,多施铵态或酰铵态氮肥等。

三、无公害农产品认证程序

无公害农产品的认证遵照《无公害农产品产地认定及产品认证程序》执行,大致分为如下步骤:

第一,省农业行政主管部门组织完成无公害农产品产地认定,并颁发《无公害农产品产地认定证书》;

第二,省级承办机构接收《无公害农产品认证申请书》及附报材料后,审查材料是否齐全、完整,核实材料内容是否真实、准确,生产过程是否有禁用农业投入品的使用和投入品使用不规范的行为;

第三,无公害农产品定点检测机构进行抽样、检测;

第四,农业部农产品质量安全中心所属专业认证分中心对省级承办机构提交的初审情况和相关申请资料进行复查,对生产过程控制措施的可行性、生产记录档案和产品《检验报告》的符合性进行审查;

第五,农业部农产品质量安全中心根据专业认证分中心审查情况,组织召开"认证评审专家会"进行最终评审。

第六,农业部农产品质量安全中心颁发认证证书、核发认证标志,并报农业部和国家认监委联合公告。

第二章 无公害蔬菜栽培的基本措施

根据科学试验和栽培实践,发展无公害蔬菜生产,主要应抓好以下十大基本技术措施的落实。

一、建立无公害蔬菜生产基地

生产基地的选择是无公害蔬菜生产的关键环节,只有合格的生产基地,才有可能生产出符合无公害蔬菜质量安全标准的产品。无公害蔬菜生产基地要求周围不存在环境污染,地势平坦,土壤结构良好、质地疏松、有机质含量高、蓄水保肥能力强、地下水位低,排灌条件良好。无公害蔬菜生产基地土壤环境质量指标见表2-1。

表 2-1 无公害蔬菜生产基地土壤环境质量
指标 (单位:毫克/千克)

项 目		指 标		
		pH<6.5	pH 6.5~7.5	pH>7.5
总汞	≤	0.3	0.5	
总砷	≤	40	30	25
铅	≤	100	150	150
镉	≤	0.3	0.3	0.6
铬	≤	150	200	250
六六六	≤	0.5	0.5	0.5
滴滴涕	≤	0.5	0.5	0.5

注:参考《中国农业标准汇编》。

建立无公害蔬菜生产基地,必须切实防止环境污染,包括防止大气、水质、土壤污染,尤其要防止工业的"三废"(废水、废气和废液)的污染,防止城市生活污水、废弃物、污泥垃圾、粉尘和农药、化肥等方面的污染。同时,对酸雨的危害,也需有所预防。

　　选建的无公害蔬菜生产基地,通过检测,必须达到如下各项环境标准(表 2-2 至表 2-6)

表 2-2　空气污染物三级标准浓度限制

污染物名称	浓 度 限 值　(毫克/米³)			
	取值时间	一级标准	二级标准	三级标准
总悬浮微粒	日平均	0.15	0.30	0.50
	任何一次	0.30	1.00	1.50
飘　尘	日平均	0.05	0.15	0.25
	任何一次	0.15	0.50	0.70
二氧化硫	年日平均	0.02	0.06	0.10
	日平均	0.05	0.15	0.25
	任何一次	0.15	0.50	0.70
氮氧化物	日平均	0.05	0.10	0.15
	任何一次	0.10	0.15	0.30
一氧化碳	日平均	4.00	4.00	6.00
	任何一次	10.00	10.00	20.00
光化学氧化剂(O_3)	1 小时平均	0.12	0.16	0.20

　　注:1."日平均"为任何一日的平均浓度不许超过的限值。

　　2."任何一次"为任何一次采样测定不许超过的浓度限值,不同污染物"任何一次"采样时间见有关规定。

　　3."年日平均"为任何一年的日平均浓度不许超过的限值。

表2-3　大气污染物浓度限制值

污染物	蔬菜敏感程度	生长季节平均浓度	日平均浓度	每次采样浓度	蔬菜种类
二氧化硫（毫克/米³）	敏感蔬菜	0.05	0.15	0.50	黄瓜、南瓜、白菜、西葫芦、马铃薯
	中等敏感蔬菜	0.08	0.25	0.70	番茄、茄子、胡萝卜
	抗性蔬菜	0.12	0.30	0.80	甘蓝、蚕豆
氟化物（微克/分米²·日）	敏感蔬菜	1.0	5.0		甘蓝、菜豆
	中等敏感蔬菜	2.0	10.0		芹菜、花椰菜、大豆、荠菜
	抗性蔬菜	4.5	15.0		茴香、番茄、茄子、青椒、马铃薯

注：参考《农业环境标准实用手册》。

1.“生长季节平均浓度”为任何一个生长季节的日平均浓度不许超过的限值。

2.“日平均浓度”为任何一日的平均浓度不许超过的限值。

3.“每次采样浓度”为任何一次采样测定不许超过限值。

表2-4　土壤中农用城市垃圾控制标准

编号	参　　数	单　位	限　值
1	杂物	%	3
2	粒度	毫米	12
3	蛔虫卵死亡率	%	95～100
4	大肠菌值		0.1～0.01
5	总镉（以 Cd 计）	毫克/千克	≤3
6	总汞（以 Hg 计）	毫克/千克	≤5
7	总铅（以 Pb 计）	毫克/千克	≤100
8	总铬及化合物（以 Cr 计）	毫克/千克	≤300
9	总砷及化合物（以 As 计）	毫克/千克	≤30
10	有机质（以 C 计）	%	≥10
11	总氮（以 N 计）	%	≥0.5
12	总磷（以 P_2O_5 计）	%	≥0.3
13	总钾（以 K_2O 计）	%	≥0.3

注：参考《农业环境标准实用手册》。

表 2-5　农用污泥中污染物控制标准　（单位：毫克/千克）

项　目	最 高 允 许 含 量	
	在酸性土上氢离子浓度 ＞316.3 纳摩/升（pH＜ 6.5）	在中性与碱性土上氢离子 浓度≤316.3 纳摩/升（pH ≥6.5）
镉及化合物（以 Cd 计）	5	20
汞及化合物（以 Hg 计）	5	15
铅及化合物（以 Pb 计）	300	1000
铬及化合物（以 Cr 计）	600	1000
砷及化合物（以 As 计）	75	75
硼及化合物（水溶性 B）	150	150
矿物油	3000	3000
铜及化合物（以 Cu 计）	250	500
锌及化合物（以 Zn 计）	500	1000
镍及化合物（以 Ni 计）	100	200

表 2-6　农田灌溉水质标准

项　目	一　类	二　类
水　温	35℃	35℃
氢离子浓度 （pH 值）	3163～3.16 纳摩/升 （5.5～8.5）	3163～3.16 纳摩/升 （5.5～8.5）
含盐量	≤1000 毫克/升	≤1500 毫克/升
氯化物	≤200 毫克/升	≤200 毫克/升
硫化物	≤1 毫克/升	≤1 毫克/升
汞及化合物	≤0.001 毫克/升	≤0.001 毫克/升
镉及化合物	≤0.002 毫克/升	≤0.005 毫克/升

续表 2-6

项　　目	一　　类	二　　类
锌及化合物	≤2.0 毫克/升	≤3.0 毫克/升
六价铬及化合物	≤0.1 毫克/升	≤0.5 毫克/升
铅及化合物	≤0.5 毫克/升	≤1.0 毫克/升
铜及化合物	≤1.0 毫克/升	≤1.0 毫克/升
硒及化合物	≤0.02 毫克/升	≤0.02 毫克/升
氟化物	≤2.0 毫克/升	≤3.0 毫克/升
挥发性酚	≤1.0 毫克/升	≤1.0 毫克/升
石油类	≤5.0 毫克/升	≤10.0 毫克/升
苯	≤2.5 毫克/升	2.5 毫克/升
丙烯醛	≤0.5 毫克/升	≤0.5 毫克/升
三氯乙醛	≤1.0 毫克/升	1.0 毫克/升
硼	≤1.0 毫克/升	1.0 毫克/升
大肠杆菌	≤1 000 个/升	≤1 000 个/升

二、加强蔬菜检疫和病虫害预测预报工作

科学预防蔬菜病虫害,是发展无公害蔬菜生产的重要技术措施。主要应做好以下两个方面的工作。

(一)加强对蔬菜种苗的检疫工作

植物检疫是贯彻执行"预防为主,综合防治"植保方针的一项重要措施。植物检疫的目的就是要防止危害植物的危险性病、虫、杂草在地区间或国家间传播蔓延,保护农业生产安全。植物检疫的主要任务:一是禁止危险性病、虫、杂草随种苗及其产品的调运而传出传入;二是将在国内局部地区已发生的危险性病、虫、杂草

封锁在一定范围内，不让传播到还没有发生的地区；三是当危险性病、虫、杂草已被传入新的地区时，要采取紧急措施，就地彻底消灭。加强对蔬菜种苗的检疫，可以有效地防治危险性的病虫及其他有害生物随蔬菜种苗的调运而传播蔓延。比如美洲斑潜蝇、美国白蛾、黄瓜黑腥病、番茄溃疡病、马铃薯癌肿病、十字花科根肿病、菜豆细菌性枯萎病、马铃薯金线虫病等都是当前蔬菜作物的检疫对象。不论从哪里调运种苗，都应通过有关部门检疫，确保不带有危险性病虫害，尤其不应从疫区引进蔬菜种苗，以防危险性病虫害的传播蔓延。

（二）加强蔬菜病虫害的预测预报工作

各种蔬菜病虫害的发生，都有其固有的规律和特殊的环境条件。比如，高湿天气，昼夜温差大，叶片上有水珠，则易患霜霉病、灰霉病、菌核病等；环境干旱，则易出现蚜虫和白粉虱。要根据蔬菜病虫害发生的特点和所处的环境，结合田间定点调查和天气预报情况，科学分析病虫害发生的趋势，及时做好防治工作。比如，蔬菜苗期的生理病害，多因温度、湿度过高或过低，营养不足，肥料未腐熟等原因而引起，导致沤根病、猝倒病、立枯病等病害，出现秧苗萎蔫、叶黄、叶有斑点或叶缘黄白等症状。因此，对这类病虫害，就要通过预测预报工作，根据蔬菜病虫害发生的特点和所处的环境，结合田间定点调查的实际和天气预报情况，进行科学分析，才能及时准确地掌握病虫害发生的种类、发生量、发生区域和发生趋势，掌握其发生消长规律，准确做出预报，及时采取有针对性的防治措施，将病虫害防治在发生之前或消灭在初期阶段。实践证明，通过加强蔬菜病虫害预测预报工作，贯彻落实预防为主、防治结合的方针，是发展无公害蔬菜生产的有效措施。

三、综合运用农业技术措施

综合运用选育优良蔬菜品种、改进蔬菜栽培方式、加强菜田管理、科学用水用肥等农业技术措施,减少农药和化肥的使用量,有效防治病虫害。这是发展无公害蔬菜生产的基本措施。

(一)选育优良蔬菜品种

选用抗逆性强、抗耐病虫危害、高产优质的优良蔬菜品种,是防治蔬菜病虫危害,夺取蔬菜优质高产的有效途径。比如,优良品种毛粉 802 番茄,因植株被生茸毛,不易受蚜虫危害,因而可减少病毒病的发生。又如,佳粉 10 号番茄,较耐抗病毒病、早疫病和晚疫病。津研 4 号黄瓜较抗霜霉病,如果再采用与黑籽南瓜嫁接技术,还可预防黄瓜枯萎病。双丰 2 号菜豆,不仅能够抗锈病和根腐等病害,而且还较耐热。丰抗 70 大白菜,较抗病毒病、霜霉病和软腐病。辽茄 3 号大茄子,可抗黄萎病。实践证明,优良蔬菜品种,在生产上都表现出一定的抗病增产作用。

(二)改进蔬菜栽培技术与管理方式

科学采用蔬菜栽培新技术,不断改进菜田管理,是蔬菜生产中防病抗病的重要手段,是减少农药和化肥施用量的基本措施,是发展无公害蔬菜生产的有效途径。

1. 及时清理田园 蔬菜收获后和种植前,都要及时清理田园,将植株残体、烂叶、杂草以及各种废弃物清理干净。在蔬菜生育期间,也要及时清理田园,将病株、病叶和病果及时清出田园,予以销毁或深埋,可更好地减轻病虫害的传播和蔓延。

2. 实行倒茬轮作 在蔬菜生产中,一定要注意倒茬轮作。不论是保护地菜田或露地生产,倒茬轮作都是减轻病虫害发生,充分利用土地资源,夺取高产的主要途径。在倒茬轮作中,同一种蔬菜在同一地块上连续生产不应超过两茬。换茬时,不要再种同科的蔬菜,最好是与葱、蒜等辣茬作物轮作。

3. 改良和肥化土壤 据调查,我国水土流失面积已占国土总面积的 1/6,因涝渍、盐碱、干旱、风沙等原因导致肥力下降的中低产田已占全国耕地面积的 2/3,每年受废水和烟尘污染的土地面积达 670 万公顷。由此看来,改良土壤已成为发展农业生产的当务之急。在改良土壤中,除封沙造林和掺沙改土外,还应在用肥方面多下功夫。为防止土壤板结和盐碱化,提倡菜田使用充分腐熟的农家肥,最好每 667 米^2 施用 1 万千克以上的农家肥,以保障蔬菜生长全生育期的需要。在施肥中,基肥与追肥要配合施用。要适当增施磷、钾肥,控制氮肥的用量。同时,要积极推广配方施肥,有针对性地施用各种蔬菜的专用肥。

4. 采用蔬菜栽培新技术 推广蔬菜的垄作和高畦栽培,不仅可有效调节土壤的温度、湿度,还有利于改善光照、通风和排水条件。在播种和定植蔬菜时,应采用地膜覆盖。在保护地菜田要推广膜下暗灌、滴灌、渗灌,在露地菜田要推广喷灌,严禁大水漫灌。这样,不仅可以节约用水,还可降低菜田的湿度,减少病害发生。对于蔬菜棚室内温湿度的调节,要实行放顶风或腰风的措施,不要放地风。要保持覆膜的清洁,以利于透光。施药时,要用粉尘和烟剂代替喷雾,以降低湿度。对于越夏生产的蔬菜,应采用遮阳网、遮阳棚,以减少光照强度,降低温湿度。对于果菜类和瓜果类蔬菜,应通过整理枝杈、打尖疏叶等措施,打开通风透光的通路,促进植株生长,并降低病虫危害。

5. 实行合理的栽培密度 提倡蔬菜的立体种植,做到充分通风透光,合理利用水肥。首先,必须有合理的栽培密度,达到既有利于个体发育,又有利于群体生长。其次,可采用大垄双行、内紧外松的种植形式,达到既有利于通风透光,又便于田间作业。对于间作套种的立体种植作物,必须做到合理搭配,达到互补互利的目的。比如,4 行青椒套种 2 行玉米,既可满足玉米对青椒的遮光保湿条件,又可满足对玉米加大通风透光的要求,能使青椒和玉米互补互利,共获丰收。

6. 推广无土栽培新技术　依靠科学配方,在组配的营养液中生产蔬菜。基质可选用沙、蛭石、草灰、珍珠岩等材料,经过消毒后使用,即可对植株起到固定作用。无土栽培蔬菜,不仅无毒无污染,而且优质高产,同时也开辟了工厂化生产蔬菜的途径。

四、大力发展生物防治技术

生物防治是利用有益生物或其他生物来抑制或消灭有害生物的一种防治方法。生物防治技术主要包括以虫治虫、以菌治虫、以病毒治虫、以菌制菌,以及用其他有益生物制剂防治病虫害等。通过生物防治技术,既可达到防治蔬菜病虫害的目的,又可不用或少用化学农药,减少污染,减轻毒性,是发展无公害蔬菜生产的先进措施。

(一)以虫治虫

1. 以瓢虫治理蚜虫　瓢虫俗称花大姐。大部分瓢虫是捕食性的,我国北方常见的种类有七星瓢虫、异色瓢虫、龟纹瓢虫等。瓢虫以成虫和幼虫捕食蚜虫、飞虱、粉虱、叶螨等害虫。方法是在麦田或油菜田选瓢虫多的地块,用网捕虫,捕后装入布袋,袋内放少量树叶或青草,以利瓢虫栖附,避免互相残杀。要边捕、边运、边放,隔行放虫,瓢虫、蚜虫比例以 1∶150～200 为宜。

2. 利用赤眼蜂防治害虫　赤眼蜂是分布广、寄主多的卵寄生蜂,我国已知的有 13 种。利用赤眼蜂防治菜青虫、小菜蛾、斜纹夜蛾、菜螟、棉铃虫等害虫。目前,繁殖赤眼蜂已逐步实现工厂机械化。放蜂要根据虫情调查,掌握在害虫产卵初期或初盛期放蜂。

3. 利用草蛉防治害虫 草蛉又名草蜻蛉。我国常见的草蛉种类有:大草蛉、中华草蛉和丽草蛉等。草蛉可捕食蚜虫、粉虱、叶螨以及多种鳞翅目害虫卵和初孵幼虫,释放草蛉成虫,一般采取网捕,人工助迁的方法。释放前应先将成虫移植于黑暗的纸筒或箱子内,于早晨将其运至田间,打开筒口或箱口,而后持箱人在田间缓慢走动,成虫即均匀地散到附近的作物上;释放初龄幼虫的方法是将初龄幼虫均匀地撒在寄主的嫩叶上和上部张开的叶片上,一般幼虫在 5 分钟之内即爬到叶片隐蔽处,等待时机扑食害虫。

此外,生产中还利用丽蚜小蜂、熊蜂防治白粉虱,利用捕食性蜘蛛防治螨类,食射蝇、猎蝽等也是捕食性昆虫天敌。

(二)以菌治虫

1. 苏云金杆菌 苏云金杆菌是一种细菌杀虫剂,它是目前世界上用途最广、产量最大、应用最成功的生物农药,具有使用安全、不伤害天敌、不易产生抗药性、防效高、不污染环境、无残毒的特点。是生产绿色蔬菜的理想药剂。可防治菜青虫、小菜蛾、菜螟、甘蓝夜蛾等。

2. 白僵菌 白僵菌是一种真菌性微生物杀虫剂,当真菌孢子接触虫体后,在适宜的条件下萌发,生长菌丝,穿透体壁而在虫体内大量繁殖,使害虫死亡。死虫体表布满白色菌丝,通常称为白僵虫。目前已大面积用于防治玉米螟、大豆食心虫、菜青虫等。

3. 茼蒿素 茼蒿素属于植物毒素类杀虫剂,对害虫具有胃毒和触杀作用并可杀卵,持效期 15 天左右,但对害虫的击倒速率较慢。可防治菜蚜、菜青虫、棉铃虫等。

4. 浏阳霉素 浏阳霉素是灰色链霉菌浏阳变种提炼成的一种抗生素杀螨剂,对许多作物的叶螨有良好的触杀作用,对螨卵有一定的抑制作用。

5. 苦参碱 苦参碱为天然植物农药,害虫一旦接触本药,即麻痹神经中枢,继而使虫体蛋白质凝固,堵死虫体气孔,使害虫窒息而死。本品对人、畜低毒,具有触杀和胃毒作用。可防治甘蓝菜青虫、菜蚜、韭菜蛆等。

6. 阿维菌素 阿维菌素是一种全新的抗生素类生物杀虫、杀螨剂,该药对害虫、害螨的致死速度较慢,但杀虫谱广,持效期长,杀虫效果极好,对抗性害虫有特效,并对作物、人、畜安全。可防治菜青虫、小菜蛾、螨类等。

7. 棉铃虫核型多角体病毒 棉铃虫核型多角体病毒是一种病毒杀虫剂,通过昆虫取食带毒的物质后,病毒在虫体内大量繁殖,使组织和细胞被破坏,虫体萎缩而柔软死亡。病死的害虫体壁易破,触之即可流出白色或褐色脓液,无臭味,这可以与感染了细菌而死亡的害虫有恶臭气味相区别。这种杀虫剂对人、畜低毒,不伤害天敌,不污染环境,长期使用,棉铃虫、烟青虫不会产生抗性。

(三)使用以菌治菌的生物农药

利用有益微生物及其产物防治植物病虫害是目前生物防治的主要方法。当前生产中常用种类如下。

1. 嘧啶核苷类抗菌素 嘧啶核苷类抗菌素是一种广谱抗生素,能阻碍病菌蛋白质合成,导致病菌死亡。对许多植物的病原菌有强烈的抑制作用。可用于防治瓜类白粉病、大白菜黑斑病和番茄疫病、西瓜枯萎病、炭疽病、黄瓜白粉病。

2. 井冈霉素 井冈霉素是由吸水链霉菌井冈变种所产生的抗生素。具有很强的内吸作用,能干扰和抑制病菌细胞的正常生长发育,从而起到治疗作用,可防治黄瓜立枯病。

3. 春雷霉素 春雷霉素是一种从放线菌的代谢物中提取的抗生素,内吸性强,具有预防和治疗作用。可用于防治黄瓜枯萎病、角斑病和番茄叶霉病。

4. 多抗霉素 多抗霉素是一种广谱性农用抗生素,具有内吸性、高效、无药害。可用于防治蔬菜的白粉病、黑斑病、早疫病、炭疽病、轮纹病、黑星病、灰霉病、叶霉病、霜霉病、晚疫病、纹枯病、猝倒病、立枯病等多种病害。

5. 武夷菌素 武夷菌素是一种核苷类农用抗生素,属广谱性低毒杀菌剂,使用安全。可用于防治黄瓜白粉病、番茄叶霉病,对黄瓜灰霉病、韭菜灰霉病也有一定防效。

6. 中生菌素 中生菌素是一种生物源抗生素类广谱低毒杀菌剂,具有广谱、高效、低毒、无污染等特点,具有触杀、渗透作用,对多种细菌性及真菌性病害均具有较好的防治效果。可防治白菜软腐病、茄科青枯病、西瓜枯萎病、西瓜炭疽病、黄瓜细菌性角斑病、菜豆细菌性疫病、西瓜细菌性果腐病、姜瘟病。

7. 硫酸链霉素 硫酸链霉素是一种抗生素药剂,有内吸作用,对人、畜低毒。链霉素可用于防治白菜软腐病、番茄细菌性斑腐病、番茄晚疫病、马铃薯种薯腐烂病、马铃薯黑胫病、黄瓜细菌性角斑病、黄瓜霜霉病、菜豆霜霉病、菜豆细菌性疫病、芹菜细菌性疫病、甜椒疮痂病等多种病害。

(四)利用昆虫生长调节剂

昆虫生长调节剂是一类特异性杀虫剂,在使用时不直接杀死昆虫,而是在昆虫个体发育时期阻碍或干扰昆虫正常发育,使昆虫个体生活能力降低、死亡,进而使种群灭绝。它毒性低、污染少、对天敌和有益生物影响小。已大量推广使用和正在推广的主要品种如下。

1. 灭幼脲(苏脲1号) 本品主要抑制害虫表皮几丁质的合成,使害虫卵不能正常发育孵化,抑制害虫的生殖力,对鳞翅目害虫的效果较好,残效期较长,但击倒速率较慢。可用于防治菜青虫、棉铃虫、黏虫。

2. 氟啶脲　本品主要抑制害虫表皮几丁质的合成,阻碍昆虫正常蜕皮,使卵的孵化、幼虫蜕皮以及蛹发育畸形,使羽化受阻。有胃毒、触杀作用,药效高,但作用速度较慢,对鳞翅目、鞘翅目、直翅目、膜翅目、双翅目等活性高,对蚜虫、叶蝉、飞虱无效。可防治甘蓝小菜蛾、菜青虫、甜菜夜蛾等。

3. 除虫脲　除虫脲的主要作用是通过抑制昆虫的几丁质合成酶的合成,从而抑制幼虫、卵、蛹表皮几丁质的合成,使昆虫不能正常蜕皮,虫体畸形而死亡。它对甲壳类(虾、蟹幼体)和家蚕有较大的毒性,对人畜和环境中其他生物安全,属低毒无公害农药。可防治小菜蛾、菜青虫。

4. 虫酰肼　本品为蜕皮激素类杀虫剂,幼虫取食药剂后,在不该蜕皮时产生蜕皮反应,开始蜕皮,由于不能完全蜕皮而导致幼虫脱水、饥饿而死亡。本品对老龄、高龄、低龄的幼虫均高效,残效期长,对作物安全,不易产生抗药性,且不污染环境。对所有鳞翅目幼虫均有效,对抗性害虫棉铃虫、菜青虫、小菜蛾、甘蓝夜蛾、甜菜夜蛾等有特效。适用于抗性害虫的综合治理。

(五)利用植物生长调节剂

植物生长调节剂可调节蔬菜植株的发育,促使蔬菜生长健壮,从而增强抗病力。例如,在一定限量内使用乙烯利、九二0、比久、矮壮素、多效唑等生长调节剂,不仅可使蔬菜植株生长加快,还能达到抗病、增产、早熟的效果。

五、科学实行物理防治措施

物理防治是利用各种物理、机械措施防治病虫害。如利用灯光诱杀害虫、银灰膜驱蚜、高温杀灭土壤中和种子所带的病虫、高温闷棚抑制病情以及采用嫁接技术增强蔬菜抗病性等。科学运用物理防治措施,可有效防治蔬菜病虫害,而且能使蔬菜不受污染。

(一)温汤浸种和变温处理蔬菜种子及幼苗

温汤浸种和变温处理种子和幼苗,可以杀灭或减少种传病虫害,促使蔬菜植株健壮生长。

1. 干热处理消毒 对于含水量低于 10% 的种子,在 70℃下处理 72 小时,可以防治蔬菜种传的霜霉病、枯萎病、菌核病、疫病、灰霉病、黑星病、炭疽病等多种病害。

2. 温汤浸种消毒 使用温汤浸种消毒法,需结合种子催芽前的处理一并进行。温汤浸种法的操作程序是:将种子放到 50℃左右的水中,持续搅拌烫种 15 分钟,就可杀死甘蓝类、果菜类和瓜类种子表面附着的病菌。热水烫种法的操作程序是:先将种子用 20℃～30℃温水浸泡,然后再用 5 倍于种子的 70℃热水搅拌烫种,待水温降至 50℃～55℃时停止搅拌,继续保持此温度浸种 15 分钟,然后让其自然降温,进行一般浸种。这种方法,对种皮厚且干燥的茄子种、冬瓜种等消毒效果较好。

3. 低温炼苗 在冬季温室育苗中,在定植前逐渐锻炼幼苗,可以提高幼苗对不良环境的抵抗能力,使幼苗抗寒力和耐旱力增强,可忍耐一般霜冻,而且经过锻炼的幼苗定植后缓苗快,发棵早。

一般茄果类蔬菜炼苗的适宜温度是:番茄为 3℃～5℃;茄子、辣椒为 8℃～11℃,炼苗时间 3～5 天。具体方法是:在定植前 5～7 天,进行夜间低温炼苗。如果秧苗过嫩,为了免受寒害,可先用较高的温度(7℃～10℃)锻炼数天,然后再进一步进行低温炼苗。低温炼苗应于定植前 5～7 天逐渐降低育苗场所内的温度,控制水分,停止加温,逐渐加大通风和撤除覆盖的草苫,到定植前 3～4 天使育苗场所内的温度接近栽培场所的条件。育苗场所内白天气温控制在 15℃～20℃,夜间 3℃～5℃或 8℃～11℃。一般这段时间不要浇水,如果午间个别地方的秧苗有萎蔫现象,只能在萎蔫的地方随时少浇点儿水,使苗缓过来即可。不要大量浇水,防止湿度过高幼苗徒长。

在炼苗期间,要防止幼苗冻害,应当随时做好防寒保温工作。发现幼苗有轻微冻害,应少盖点草苫,使育苗场所内光照减弱,千万不要使育苗场所内温度突然升高。待苗恢复正常后,再撤掉草苫。

(二)利用太阳能高温消毒和冬季低温杀死病菌虫卵

1. 高温消毒

(1)蒸汽消毒　将待消毒的土壤疏松好,用帆布或耐高温的塑料薄膜覆盖在土壤上,四周封闭,并将高温蒸汽输送管放置在覆盖物下,每平方米土壤每小时需要 50 千克的高温蒸汽。

(2)夏季高温闷棚消毒　在盛夏,待作物收获后,浇透水,扣严大棚,利用太阳能提高棚室温度,消毒处理 1 周。

另外,在蔬菜生长期间如发现病害,可利用高温闷棚的办法来防治霜霉病、白粉病、角斑病、黑星病等多种病害。具体方法是:晴天中午前后,浇透水后将大棚密闭,当温度达到 46℃～48℃时维持 2 小时左右,立即通风,一般温度不能超过 48℃,时间不能超过 2 小时。

2. 低温杀死病菌虫卵　在秋末冬初耕翻土壤,利用冬季寒冷气候,可消灭土壤中的病菌和虫卵。

(三)推广蔬菜嫁接技术

通过嫁接,可增强蔬菜植株的抗病性,是预防土传蔬菜病虫害的好方法,对枯萎病、蔓割病、青枯病等都有较好的预防作用。比如,用黑籽南瓜嫁接黄瓜,不仅能抗枯萎病,而且能使植株耐寒,生长势强,获得优质高产。各种果菜类和瓜类蔬菜,都可通过嫁接获得抗病丰产的效果。

(四)利用害虫的趋避性进行驱赶或诱杀

1. 诱　杀

(1)灯光诱杀　在灯光下放一盛药液的容器,当害虫碰到灯落入容器后被淹死或毒死。

(2)潜伏诱杀　有些害虫有选择特定条件潜伏的习性。如棉铃虫、黏虫的成虫有在杨树枝上潜伏的习性,在一定面积上放置一些杨树枝把,诱其潜伏,集中捕杀。

(3)食饵诱杀　用害虫喜欢食用的材料做成诱饵,引其集中取食而消灭。如利用糖、醋、酒配制成糖醋诱杀液诱杀蛾类、棉铃虫和黏虫等害虫;臭猪肉和臭鱼诱集蝇类;马粪、麦麸诱集蝼蛄等。

(4)色板诱杀　在棚室内放置一些涂上黏液或蜜液的黄板诱杀蚜虫、粉虱类害虫,用蓝板诱杀瓜蓟马等。放置的密度依虫害的种类、密度、板的面积而定,一般在每 30～80 米² 放置一块较适宜。

2. 驱避　在棚室上覆盖银灰色遮阳网或田间挂一些银灰色的条状农膜或覆盖银灰地膜能有效的驱避蚜虫。

(五)设施防护

夏季覆盖塑料薄膜、防虫网或遮阳网等,进行避雨、遮阳、防虫栽培,可减轻病虫害的发生。在南方,夏季撤掉大棚两侧的裙膜,保留顶膜,并加大通风,防雨、降湿效果非常明显,能有效地控制病害发生。

1. 遮阳网　夏季覆盖遮阳网具有遮阳、降温、防雨、防虫、增产、提高品质等多种作用。遮阳网主要有黑色和银灰色两种。覆盖银灰色遮阳网同时还具有驱避蚜虫的作用。产品的幅宽有 90 厘米、150 厘米、160 厘米、200 厘米和 220 厘米、400 厘米、700 厘米等。不同厂家所生产的规格有所不同。遮阳网可以在温室和大、中、小棚上应用,也可搭平棚覆盖。

2. 防虫网 覆盖防虫网除了具有一般遮阳网的作用外,还能很好地阻止害虫迁入棚室,起到防虫、防病的效果。试验示范结果表明,在南方夏季采用防虫网覆盖生产小青菜,防虫效果显著,可以不施农药或少施农药,实现无公害蔬菜生产。

(六)人工捕杀害虫

当害虫个体较大、群体较小,发生面积不大,劳动力允许时,进行人工捕杀效果较好,既可以消灭虫害,又可减少用药,还不污染蔬菜产品。如斜纹夜蛾产卵集中,可人工摘除卵块;菜地发现地老虎、蝼蛄危害后,可以在被害株根际扒土捕捉;对活动性较强的害虫也可利用各种捕捉工具如捕虫网进行捕杀。

(七)利用巴姆兰无毒高酯膜防治蔬菜病害

在棚室内生产蔬菜,可利用巴姆兰无毒高酯膜防治蔬菜病害,其高分子膜可起到防病效果。

六、严格控制化学防治措施

正确使用农药,严格控制化学防治措施,是无公害蔬菜生产的关键问题。目前,完全不用农药、植物激素和化肥,还难以做到,但必须严格控制使用,确保蔬菜体内有毒残留物质不超过国家规定标准。

(一)无公害蔬菜生产对农药使用的要求

一是坚持"预防为主,综合防治"的方针,以农业防治为基础,创造不利于病、虫、草害滋生和有利于各类天敌繁衍的环境条件,优先采用生物农药防治蔬菜病虫害。二是严格按照国家《农药安全使用标准》和《农药合理使用准则》使用农药。三是严禁使用国家明令禁止使用的高毒、高残留化学农药。四是使用的农药应符合国家的"三证"(农药登记证、生产经营许可证或生产批准证、执行标准号)要求。五是推广使用高效、低毒、低残留农药。六是推广使用农用抗生素、微生物农药和植物性农药。七是根据蔬菜病虫发生的预测对症下药,因防治对象、农药性能以及抗药性程度不同而选择最合适的农药品种,提倡化学农药合理轮换、交替使用。

(二)严禁使用高毒高残留农药

在蔬菜生产中,使用化学农药防治病虫害的方法很多,但必须严格控制,禁止使用高毒高残留农药。例如甲拌磷、乙拌磷、久效磷、对硫磷、甲基对硫磷、甲胺磷、氧化乐果、治螟磷、杀扑磷、水胺硫磷、磷胺、内吸磷、甲基异硫磷、DDT、六六六、林丹、艾氏剂、狄氏剂、五氯酚钠、硫丹、二溴乙烷、二溴氯丙烷、溴甲烷、克百威、丁硫克百威、丙硫克百威、涕灭威、杀虫脒、五氯硝基苯、五氯苯甲醇、苯菌灵、氟虫腈、除草醚、草枯醚、三氯杀螨醇、甲基胂酸锌、甲基胂酸铵、福美甲胂、福美胂、薯瘟锡、三苯基醋酸锡、三苯基氯化锡、氯化锡、氯化乙基汞、醋酸苯汞(赛力散)、敌枯双、氟化钙、氟化钠、氟化酸钠、氟乙酰胺、氟铝酸钠等,都必须严禁使用。

(三)推广使用安全可靠的低毒少残留农药

1. 蔬菜生长过程中允许使用的防治各种病虫害的药剂 蔬菜生长过程中,允许使用防治病虫害的药剂剂型、用量及安全间隔期见表 2-7。

表 2-7　蔬菜常用农药合理使用的剂量和安全期

中文通用名	剂型及含量	每 667 米² 每次制剂施用量或稀释倍数及施药方法	安全间隔期(天)	每季作物最多使用次数
阿维菌素	1.8%乳油	2 500 倍液、喷雾	7	1
多杀霉素	2.5%悬浮剂	1 000 倍液、喷雾	1	1
氯虫苯甲酰胺	5%悬浮剂	1 500 倍液、喷雾	1	2
虫酰肼	20%悬浮剂	1 500～2 000 倍液、喷雾	14	2
茚虫威	15%悬浮剂	3 500 倍液、喷雾	5	2
虫螨腈	10%悬浮剂	1 000 倍液、喷雾	14	2
氟啶脲	5%乳油	2 000 倍液、喷雾	10	1
氟虫脲	5%乳油	2 000 倍液、喷雾	10	1
灭蝇胺	50%可湿性粉剂	2 000～2 500 倍液、喷雾	7	2
银纹夜蛾核型多角体病毒	10 亿多角体/毫升悬浮剂	800 倍液、喷雾	3	2
甲氨基阿维菌素苯甲酸盐	1%乳油	2 500 倍液、喷雾	7	
	23%微乳剂	3 000 倍液、喷雾	7	2
苏云金杆菌	8 000 微克/毫克	600～800 倍液、喷雾	7	3
苦参碱	0.36%水剂	500～800 倍液、喷雾	2	2
虱螨脲	5%乳油	1 000 倍液、喷雾	7	1
吡虫啉	10%可湿性粉剂	2 000 倍液、喷雾	7	2
	70%水分散粒剂	7 000 倍液、喷雾	7	2
啶虫脒	3%微乳剂	800 倍液、喷雾	8	3

续表 2-7

中文通用名	剂型及含量	每 667 米² 每次制剂施用量或稀释倍数及施药方法	安全间隔期（天）	每季作物最多使用次数
吡丙醚	10％乳油	800 倍液、喷雾	7	2
吡蚜酮	25％可湿性粉剂	2 000 倍液、喷雾	7	1
抗蚜威	5％可湿性粉剂	10～18 克、喷雾	11	3
螺螨酯	24％悬浮剂	4 000～6 000 倍液、喷雾	7～10	3
炔螨特	73％乳油	2 000～3 000 倍液、喷雾	7	2
哒螨灵	15％乳油	2 500 倍液、喷雾	7	2
高效氟氯氰菊酯	2.5％乳油	26.7～33.3 毫升、喷雾	7	2
氟氯氰菊酯	5.7％乳油	23.3～29.3 毫升、喷雾	7	2
氯氟氰菊酯	2.5％乳油	25～50 毫升、喷雾	7	3
顺式氯氰菊酯	10％乳油	5～10 毫升、喷雾	3	3
溴氰菊酯	2.5％乳油	20～40 毫升、喷雾	2	3
顺式氰戊菊酯	5％乳油	10～20 毫升、喷雾	3	3
醚菊酯	10％悬浮剂	30～40 毫升、喷雾	10～14	3
甲氰菊酯	20％乳油	25～30 毫升、喷雾	3	3

续表 2-7

中文通用名	剂型及含量	每 667 米² 每次制剂施用量或稀释倍数及施药方法	安全间隔期（天）	每季作物最多使用次数
氰戊菊酯	20%乳油	15～40 毫升、喷雾	12	3
灭多威	24%水溶性剂	83～100 毫升、喷雾	7	2
	90%可湿性粉剂	15～20 克、喷雾	7	1
毒死蜱	48%乳油	50～75 毫升、喷雾	7	3
伏杀硫磷	35%乳油	130～190 毫升、喷雾	7	2
喹硫磷	25%乳油	60～100 毫升、喷雾	24	2
敌敌畏	80%乳油	100～200 克、喷雾	7	2
敌百虫	90%晶体	100 克、喷雾	7	2
辛硫磷	50%乳油	50～100 毫升、喷雾	3	5
		50～100 毫升、浇根	17	1
四聚乙醛	6%颗粒剂	400～544 克、撒施	7	2
百菌清	75%可湿性粉剂	100～120 克、喷雾	7	3
	45%烟剂	110～180 克、烟熏	3	4

续表 2-7

中文通用名	剂型及含量	每 667 米² 每次制剂施用量或稀释倍数及施药方法	安全间隔期（天）	每季作物最多使用次数
醚菌酯	50%悬浮剂	2 000 倍液	10～14	3
乙嘧酚	25%悬浮剂	800 倍液	7	2
苯醚甲环唑	10%乳油	1 500 倍液	7～10	2～3
氟硅唑	40%乳油	6 000～8 000 倍液、喷雾	7～10	2
吡唑醚菌酯	25%乳油	2 000 倍液、喷雾	7～14	3～4
霜脲·锰锌	72%可湿性粉剂	600 倍液、喷雾	7	3
甲霜·霜霉威	25%可湿性粉剂	1 500 倍液、喷雾	7	2
代森锰锌	80%可湿性粉剂	500～800 倍液、喷雾	15	2
	70%可湿性粉剂	500～700 倍液、喷雾	7	3
代森联	70%悬浮剂	500～600 倍液、喷雾	4	3
烯酰吗啉	30%悬浮剂	1 000 倍液、喷雾	7	2
嘧霉胺	30%悬浮剂	1 000～2 000 倍液、喷雾	5	2
氢氧化铜	77%可湿性粉剂	500 倍液、灌根	5	2
腐霉利	50%可湿性粉剂	2 000 倍液、喷雾	3	1
氟菌唑	30%可湿性粉剂	2 000 倍液、喷雾	1	2
乙烯菌核利	50%可湿性粉剂	1 000 倍液、喷雾	5	2
精甲霜·锰锌	68%水分散粒剂	600～800 倍液、喷雾	1	3

续表 2-7

中文通用名	剂型及含量	每 667 米² 每次制剂施用量或稀释倍数及施药方法	安全间隔期（天）	每季作物最多使用次数
噁霜·锰锌	64%可湿性粉剂	500 倍液、喷雾	3	3
多菌灵	50%可湿性粉剂	500～1 000 倍液、喷雾	5	2
咪鲜胺	45%乳油	3 000 倍液、喷雾	7	2
甲基硫菌灵	70%可湿性粉剂	1 000～1 200 倍液、喷雾	5	2
异菌脲	50%悬浮剂	1 000～2 000 倍液、喷雾	10	1
三唑酮	15%乳油	1 500 倍液、喷雾	7	2
噻菌酮	20%悬浮剂	600 倍液、灌根	10	3～4
宁南霉素	8%水剂	800～1 000 倍液、喷雾	7～10	1～2
吗胍·乙酸铜	20%可湿性粉剂	800 倍液、喷雾	7	4
二甲戊灵	33%乳油	100～150 毫升、土壤处理		1
异丙甲草胺	72%乳油	100～150 毫升、土壤处理		1
甲草胺	48%乳油	100～200 毫升、土壤处理		1
乙草胺	50%乳油	80～200 毫升、土壤处理		1
敌草胺	25%可湿性粉剂	80～100 毫升、喷雾		1

续表 2-7

中文通用名	剂型及含量	每 667 米² 每次制剂施用量或稀释倍数及施药方法	安全间隔期(天)	每季作物最多使用次数
精喹禾灵	5%乳油	30～50 毫升、喷雾		1
精吡氟禾草灵	15%乳油	30～60 毫升、喷雾		1
草甘膦	30%可溶性粉剂	200 克、喷雾		1
	10%水剂	500～750 毫升、喷雾		1
	41%水剂	150～200 毫升、喷雾		1
复硝酚钠	1.8%水剂	6 000～8 000 倍液、喷雾	7	2

注:参考《蔬菜常用农药合理使用准则》。

2. 允许使用的蔬菜床土消毒药剂 50%拌种双粉剂 7 克/米²,或 72.2%霜霉威水剂 400 倍液 3 千克/米²,或 1.5%噁霉灵水剂 450 倍液 3 千克/米²,或 50%多菌灵可湿性粉剂 8 克/米²。另外,可用 25%甲霜灵可湿性粉剂 3 克,加 70%代森锰锌可湿性粉剂 1 克,混合均匀后,再与 15 千克细土混合,而后在播种前先普施 2/3(10 千克/米²),播种后再覆盖 1/3(5 千克/米²)。同时,还可用 30 毫升甲醛,加水 2 升,喷雾 1 米² 床土,然后覆膜闷 1 周,再揭膜晾晒 10 天,放净气味后再播种,可防治多种病害。

3. 允许使用的蔬菜种子处理药剂 蔬菜种子处理药剂很多,可根据不同蔬菜品种和不同处理方法,选用相应药剂,采取不同处理措施。拌种、浸种药剂品种及用量分别见表 2-8 和表 2-9。

此外,对优良蔬菜品种还可进行包衣处理,即在对种子进行包衣和丸粒化处理的同时,加入适量的农药、植物激素或专用微肥,不仅能起到保种保苗作用,而且能预防苗期病害和增加秧苗营养。

化学农药对防治蔬菜病虫害,确实有立竿见影的效果,但如果施用不当,药害也特别严重。所以,在无公害蔬菜生产中施用化学农药时,必须严格掌握用法、用量和安全间隔期。

表 2-8　拌种药剂品种及用量

种　类	药剂名称	药剂用量占种子量(%)	防治病害
黄　瓜	50%福美双	0.3	细菌性病害
	50%多菌灵	0.3	黑星病
菜　豆	50%多菌灵	0.1	枯萎病
白　菜	50%福美双	0.4	白斑、黑斑、黑腐、黑根、霜霉病
	30%甲霜灵	0.4	同上

表 2-9　浸种药剂品种及用量

蔬菜种类	药剂名称	药液浓度(倍液)	处理时间(分钟)	防治对象
黄　瓜	升汞	1000	10～15	炭疽、角斑、枯萎病
	40%甲醛	150	60～100	同上
	多菌灵盐酸平平加	1000	60	枯萎病
番　茄	磷酸三钠	10%	20	病毒病
青　椒	磷酸三钠	10%	20	病毒病
	链霉素	1000	30	疮痂病
	硫酸铜	100	5	炭疽病
茄　子	40%甲醛	300	15	褐纹病
菜　豆	40%甲醛	300	30	炭疽病
洋　葱	40%甲醛	300	180	灰霉病
白　菜	40%甲醛	400	10	黑霉病

4. **允许使用的菜田化学除草药剂**　菜田除草,可选用高效低毒少残留的如氟乐灵等除草剂。一般多在播种后、出苗前使用除草剂对土壤进行杀草;如果出苗后使用除草剂,必须对土壤进行定向喷雾,以保护秧苗不受药害。对条播、撒播的密集型生长蔬菜,采用化学除草剂除草,可节省大量劳动力。但是,必须适当增加播种量,以防缺苗。

常用除草剂的种类、剂量等见表 2-10。

表 2-10　蔬菜常用除草剂

中文通用名	剂型及含量	每 667 米² 每次制剂施用量或稀释倍数及施药方法	适宜的蔬菜种类	防　除　对　象
氟乐灵	48%乳油	70～100 毫升	油菜、马铃薯、胡萝卜、芹菜、番茄、茄子、辣椒、甘蓝、白菜、菜豆、豇豆等	稗草、野燕麦、马唐、牛筋草、狗尾草、金色狗尾草、千金子、画眉草、早熟禾、雀麦、马齿苋、藜、蒿蓄、繁缕、蒺藜草等 1 年生禾本科和小粒种子的阔叶杂草
二甲戊灵	33%乳油	100～150 毫升、土壤处理	马铃薯、大蒜、甘蓝、白菜、韭菜、葱、姜等	稗草、马唐、狗尾草、千金子、牛筋草、马齿苋、苋、藜、苘麻、龙葵、碎米莎草、异型莎草等
异丙甲草胺	72%乳油	100～150 毫升、土壤处理	甜椒、甘蓝、大萝卜、小萝卜、大白菜、小白菜、油菜、西瓜、花椰菜等	稗、马唐、狗尾草、画眉草、马齿苋、苋、藜等
甲草胺	48%乳油	100～200 毫升、土壤处理	马铃薯、番茄、辣椒、洋葱、萝卜、油菜等	稗草、马唐、蟋蟀草、狗尾草、秋稗、臂形草、马齿苋、苋、轮生粟米草、藜、蓼等

续表 2-10

中文通用名	剂型及含量	每 667 米² 每次制剂施用量或稀释倍数及施药方法	适宜的蔬菜种类	防除对象
乙草胺	50% 乳油	80～200 毫升、土壤处理	豆类、花生、马铃薯、油菜、大蒜等	马唐、狗尾草、牛筋草、稗草、千金子、看麦娘、野燕麦、早熟禾、硬草、画眉草等
敌草胺	25% 可湿性粉剂	80～100 毫升、喷雾	萝卜、白菜、菜豆、茄子、番茄、辣椒、马铃薯、西瓜等	稗草、马唐、狗尾草、野燕麦、千金子、看麦娘、早熟禾、雀稗、藜、猪殃殃、繁缕、马齿苋等
精喹禾灵	5% 乳油	30～50 毫升、喷雾	甜菜、油菜、马铃薯、西瓜、阔叶蔬菜等	野燕麦、稗草、狗尾草、金狗尾草、马唐、野黍、牛筋草、看麦娘、画眉草、千金子、雀麦、大麦属、多花黑麦草、毒麦、稷属、早熟禾、双穗雀稗、狗牙根、白茅、匍匐冰草、芦苇等
精吡氟禾草灵	15% 乳油	30～60 毫升、喷雾	油菜、花生及甘蓝等	稗草、野燕麦、狗尾草、金色狗尾草、牛筋草、看麦娘、千金子、画眉草、雀麦、大麦属、黑麦属、稷属、早熟禾、狗牙根、双穗雀稗、假高粱、芦苇、野蚕、白茅、匍匐冰草等

七、广泛利用生物技术

在蔬菜生产中利用生物技术,是目前世界范围内无公害蔬菜栽培的最新技术。利用生物技术,是指利用生物体或生物有机体,制造或改进蔬菜产品,改良蔬菜品种。主要包括以下内容。

(一)利用生物技术诊断蔬菜病害

比如,对马铃薯青枯病单克隆抗体的研究和应用,就有利于对蔬菜细菌性病害的诊断。

(二)利用生物技术开发蔬菜基因工程

比如,对弱毒疫苗和卫星核糖核酸在蔬菜育种上的研究和应用,可培育出脱毒马铃薯和无毒草莓种苗。

(三)利用生物技术研制开发新农药

利用生物技术,可促使农药革命,是研制新农药的重要途径。例如,利用生物技术,以"重碳酸钾"作原料制成农药,用在植物体上,可使细胞机能出现障碍,能有效地控制病原菌,而且不伤及蔬菜作物及人畜。这是新农药研制开发的新途径。又如,利用对病原菌有较强抗体作用的拮抗菌株产生的拮抗蛋白,可以抑制或预防蔬菜细菌病害的发生。

八、开发无公害新型蔬菜

开发新型蔬菜,是发展无公害蔬菜生产的重要内容。近年来社会上掀起了"回归大自然"的热潮,人们喜食各种各样的无公害蔬菜。而某些特殊和新型蔬菜本身就是无公害的蔬菜,再加上这类蔬菜营养丰富,有保健和减肥作用,很受人们的青睐。目前,已开发出来,并在市场上受欢迎的新型和特殊蔬菜,主要有以下几种。

(一)推广芽苗菜

利用蔬菜的种子及根、茎、叶、芽等组织或器官,生产嫩芽菜、幼苗菜。例如,生产豌豆苗、绿豆芽、香椿苗、萝卜苗、荞麦芽等新型蔬菜,基本上不用化肥和农药,很受饭店和群众欢迎。

(二)开发野生蔬菜

野生蔬菜,包括在荒野、草地、山坡、森林、河边等处生长的各种野菜,如蕨菜、荠菜、山芹、小根蒜、蒲公英、桔梗、苦荬菜等,营养丰富,很少污染,基本上可达到绿色食品的要求,越来越受到人们的关注和欢迎。

(三)发展食用菌生产

食用菌本身就是无公害蔬菜。由于食用菌生产的全过程贯穿着灭菌消毒,所以病虫害很少。再加上食用菌生产周期短,发现病虫害一般都在中、后期,这时可以提前收获。即使用农药防治病虫害,也只用少量低毒农药即可,不会造成污染。食用菌营养丰富,老幼皆宜,还有特殊的保健功能,具有很大发展潜力。

(四)推广棚室蔬菜

在有污染源的环境中发展无公害蔬菜生产,必须人为地创造无污染的小环境,切实可行的措施是发展棚室蔬菜生产。还可在棚室内进行无土栽培,实行工厂化生产。

九、加强无公害蔬菜生产设施建设

发展无公害蔬菜生产,必须加强基础设施建设,从土、肥、水、气等因素着眼,结合蔬菜对温度和光照的要求,建立保护设施。目前,保护无公害蔬菜生产的基础设施主要是各种类型的日光温室和塑料大棚,夏季多采用支遮阳网、遮阳棚等方法安全度夏。随着芽苗菜生产的快速发展,棚室内的水培法、沙培法、立体种植模式也正在普及。不论采用哪种设施,都必须满足蔬菜对温、光、水、气、肥的需要,从而才能获得优质高产。因此,在修建日光温室和棚室的过程中,必须根据当地的地理位置和自然条件,合理设计,科学施工。

(一)修建日光温室的参考数据

方位:坐北朝南。为了抢光,可偏东 5°～8°;为了增温,可偏西5°～8°。

间距:为了不影响光照,以及移建温室方便,温室前排与后排的间距,应与温室的外跨度相同,一般以 7 米为宜。

角度:地窗与地面的夹角以 60° 为宜(60°～80°角采光量基本相同)。前屋面采光角(也称温室阳光入射角)和后屋面的仰角,应大于当地冬至太阳高度角,一般在 30°～40°之间。

跨度:以 6～7 米为宜。跨度太小,土地利用率低;跨度太大,则需增加温室高度和墙体厚度。

前后坡:前坡覆盖无滴膜采光,后坡(后屋顶)用水泥板、草苫草泥覆盖保温。前坡与后坡之比为 4∶1 左右。如果跨度为6～7米,则后坡在 1.2～1.5 米。

温室长度与高度:温室长度以 50 米为宜,过短则东西山墙遮阳,太长则不易调节温度。温室高度以中柱的最高点为准,2.7～3米为宜。

墙厚:以当地最大冻土层为准,墙体可垒成空心的砖墙。空心墙有单空心、双空心、三空心砖墙之分,空心的厚度以不超过 30 厘米为宜,可防止空气对流。垒空心砖墙时,空心的内外都需抹严密,以利于保温。

覆盖效果:覆盖聚氯乙烯无滴膜,有利于采光增温,提高光合效率。保温覆盖物的增温效果是:普通塑料膜增温 2℃～3℃,蒲席 3℃～4℃,草苫 4℃～6℃,4 层纸被 3℃～5℃,地膜 2℃～3℃,小拱棚 1℃～3℃,棉被 6℃～10℃。此外,温室二道幕可增温 1℃～3℃。室内用聚苯乙烯保温板贴墙,可增温 3℃～5℃。

(二)修建塑料大棚的参考数据

方位:以南北延长、东西向为好,这样光照均匀,长势均匀。

高度、跨度和长度:高度以 2.5～3 米、跨度以 8～12 米、长度以 30～50 米为宜。

侧肩高:指大棚东西两侧的高度,以 1 米高为宜,这样不影响果菜类蔬菜的栽培。

逆温现象:在春季的夜间或阴天时,大棚内温度往往低于外界气温 2℃～3℃,这种现象称为逆温。预防逆温现象,可以事先在大棚四周围上草苫进行保温。

温室和大棚的建筑结构有多种样式,有水泥骨架温室、钢筋骨架温室、有柱钢筋骨架温室、无柱塑料大棚等,参见图 2-1"日光温室示意图"和图 2-2"塑料大棚示意图"。

十、对无公害蔬菜产品必须严格进行检测

在无公害蔬菜产品上市销售前,必须按国家规定的有关标准进行抽样检测。在严禁使用剧毒农药的前提下,对低毒少残留的农药或部分重金属及硝酸盐的残留含量必须进行化验测定,完全符合标准的才可称为无公害蔬菜。无公害蔬菜农药残留最高限量,见表 2-11;重金属允许含量规定,见表 2-12;可食用部分硝酸盐含量分级标准,见表 2-13。

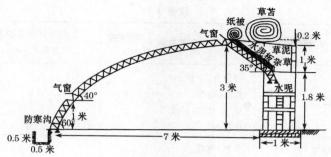

图 2-1　日光温室示意图

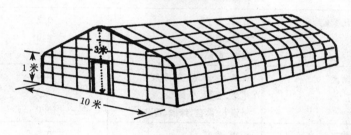

图 2-2　塑料大棚示意图

表 2-11　无公害蔬菜农药残留最高限量

农药名称	蔬菜名称	农药残留最高限量 （毫克/千克）
乐　果	番茄 其他蔬菜	1.0 2.0
敌百虫	青菜、芹菜、番茄 甘蓝、莴苣、菠菜	0.2 0.5
马拉硫磷	根菜（除萝卜以外） 芹菜 青菜、番茄、萝卜	0.5 1.0 3.0

续表 2-11

农药名称	蔬菜名称	农药残留最高限量 （毫克/千克）
甲萘威	胡萝卜、小萝卜	2.0
	黄瓜、南瓜	3.0
	茄子、辣椒、番茄	5.0
	叶菜类	10.0
氰戊菊酯	芹菜、莴苣	2.0
	黄瓜	0.2
	番茄	1.0
氯氰菊酯	黄瓜、茄子	0.2
	莴苣、菠菜	2.0
	辣椒、番茄	0.5
多菌灵	黄瓜、甘蓝、茄子、南瓜	0.5
	芹菜、豆类、小黄瓜	2.0
	胡萝卜、莴苣、辣椒、番茄	5.0
甲霜灵	甘蓝、黄瓜	0.5
	甜瓜	0.2
百菌清	番茄	5.0
甲霜·锰锌	黄瓜	0.5

表 2-12 无公害蔬菜重金属允许含量规定 （单位：毫克/千克）

金属名称		汞（Hg）	砷（As）	镉（Cd）	铅（Pb）	铜（Cu）	锌（Zn）	铬（Cr）
允许含量		0.01	0.5	0.05	1.0	10.0		
黄瓜	北方	0.007	0.34	0.015	1.82	15.2	44.9	7.13
	南方	0.0005	0.014	0.005	0.079	0.314	1.823	0.057
茄子	北方	0.008	0.203	0.045	1.99	13.8	26.4	1.65
	南方	0.0007	0.014	0.051	0.17	0.72	2.11	0.075

表 2-13　无公害蔬菜可食用部分硝酸盐含量的分级标准

（单位：毫克/千克）

级　别	一级	二级	三级	四级
硝酸盐	＜432	＜785	＜1 440	＜3 100
程　度	轻度	中度	高度	严重
参考卫生标准	允许食用	不宜生食，可以熟食或盐渍	不宜生食或盐渍，可熟食	不允许食用

第三章 无公害蔬菜栽培技术

　　根据国家对绿色食品生产的要求,按照无公害蔬菜生产的技术标准,在科学实验和栽培实践的基础上,本章具体介绍 30 种蔬菜的无公害栽培技术。主要内容包括:运用生物、物理、农业措施防治蔬菜病虫害,大幅度减少化学农药用量;应大量使用农家有机肥,尽量少用化肥;限量使用某些低毒农药、植物生长调节剂和化肥,严防蔬菜受到公害污染;防止大气、土壤和水源污染,保持良好的蔬菜生态环境;严格掌握使用化肥、农药的安全间隔期,确保蔬菜体内的有毒残留物质符合国家规定的标准;加强检疫和检测工作,确保上市蔬菜符合绿色食品质量和卫生标准。以上这些无公害蔬菜的栽培技术,贯穿和渗透在以下 30 种蔬菜的具体栽培实践中,形成了蔬菜常规栽培与蔬菜无公害栽培的紧密结合,具有很强的可操作性。

一、黄　瓜

　　黄瓜,又称王瓜、胡瓜。

(一)生物学特性

　　1. 形态特征　黄瓜属于葫芦科 1 年生蔓生植物。浅根系,根量少而且易木质化,不易出现再生根,根的好气性强,而且茎节上易产生不定根。茎为细长攀缘蔓生,有刚毛,茎五棱,中空,茎节有分枝或卷须。叶片深绿色,呈五角形,叶缘有缺刻,叶片和叶柄上有刺毛。花黄色,雌雄同株异花,有单性结实习性,筒状花冠,多在早晨 5 点半至 6 点半开花。果实为假浆果,外皮绿色或黄绿色,有瘤刺,果实呈长筒形或棒状,含有苦瓜素。种子扁平,长椭圆形,黄白色,千粒重 22~43 克。

2. 对环境条件的要求 黄瓜喜温喜湿。对温度要求是:适应的气温范围为 10℃~38℃,适宜的气温范围为 22℃~28℃;适应的地温为 10℃~38℃,适宜的地温为 15℃~25℃。对水分的要求是:对水分很敏感,要求空气相对湿度为 60%~90%;土壤必须潮湿,含水量达到田间最大持水量的 70%~80%。对光照的要求是:光饱和点为 5.5 万勒,光补偿点为 2 000 勒。由于黄瓜为短日照作物,对日照的长短要求不严。在日照 8~11 小时条件下,有利于提早开花结实。对营养条件的要求是:黄瓜喜肥,氮、磷、钾肥必须配合施用。每生产 1 000 千克黄瓜,需氮 1.7 千克、磷 0.99 千克、钾 3.49 千克,而且在结瓜期需肥量占总需肥量的 80% 以上。在光合作用进行过程中,对二氧化碳很敏感。对土壤条件的要求是:适于疏松肥沃透气良好的沙壤土,土壤酸碱度以氢离子浓度 100~3 163 纳摩/升(pH 值 5.5~7.0)为宜。

(二)育苗技术

1. 播种育苗期 黄瓜露地栽培,必须在无霜期内进行。可长年栽培生产,每茬生长期 100~150 天,育苗期 30 天到 65 天不等。一般春、夏茬在 3~4 月份播种,5 月份开始采收;秋茬 6~7 月份直播,并应采取遮阳降温措施。黄瓜温室栽培,必须选用耐低温、耐高湿、抗病、早熟的优良品种。秋冬茬一般在 10~11 月播种,12 月份定植;冬春茬一般在 12 月份至翌年 1 月份播种,2 月份定植。黄瓜大棚栽培,早春茬一般在 12 月份至翌年 1 月份播种,苗龄 40~50 天,3 月份定植。秋棚黄瓜一般在 6~7 月份播种,苗龄 30 天左右,多数采用直播方式。由于秋棚黄瓜育苗期正值高温季节,除选择适宜品种外,还要在苗期采取遮阳降温措施。

2. 品种和播量 黄瓜品种很多。早熟品种有长春密刺、良丰

密刺、津研 6 号、津杂 1 号、津杂 2 号、中农 5 号等。中早熟品种有
吉杂 1 号、津研 4 号、冀东 3 号等。中晚熟品种有津研 7 号、唐山
秋瓜等。一般冬天在保护地生产和春季生产,多用早熟品种。播
种量以每 667 米^{2}200 克左右为宜。

3. 种子消毒与催芽　先将种子用凉水浸泡 3～5 分钟,然后
放在 50℃的水中搅拌浸种 8～10 分钟;再用 30℃水浸种 4～5 小
时,而后用清水淘洗干净;接着在 25℃～28℃的条件下保湿催芽
15 小时,每 4～6 小时用清水淘洗 1 次,当 85%种子露白时即可播
种。也可用 40%甲醛 150 倍液浸种 40～60 分钟,然后用清水淘
洗干净再催芽。还可用相当于种重量的 0.3%的 50%多菌灵拌
种,不催芽,直接播种。

4. 栽培床土的配制与消毒　栽培床土的配制,可用 30%腐熟
马粪、10%腐熟大粪干、40%肥沃园田土、10%细沙、10%细炉渣混
合配制成床土。也可用 20%腐熟马粪、20%腐熟圈粪、10%腐熟
大粪干、40%园田土、10%细炉灰,每立方米床土加入 4 千克过磷
酸钙和 1 千克尿素,均匀混合后平铺到苗床里,籽苗床铺 5 厘米
厚,成苗床铺 10 厘米厚。配制药土,40%多菌灵 8～10 克,掺细土
5 千克,或对水 15 升,均匀撒在 1 米^{2}育苗床内进行床土消毒。播
种可在高温灭菌的沙盘里进行,也可播在装有营养土的纸袋里、营
养钵里,或直接播在床土里。

5. 播种与苗期管理　将催好芽的种子,均匀撒播在浇透水的
沙盘里,覆盖细沙 1 厘米,再盖上地膜。或直接播到浇透温水的营
养钵内(或纸袋内)的营养土上,种子平放,每钵内(袋内)播 2 粒种
子,覆细沙土 1 厘米厚,随后放到 25℃～28℃条件下保湿催芽。
当子叶出土时,要揭开地膜。对于播在沙盘里的种子,出苗后即可
往分苗床或营养钵内移植。黄瓜秧苗出土后,即可采取降温降湿
措施,以防徒长。如发现戴帽的种子,可以再覆盖 1～1.5 厘米厚
细沙土;如床土太湿,可撒些干土或细炉灰吸湿,气温控制在 25℃

左右。当秧苗长出 1 片真叶时,即为花芽分化期。这时要满足低温短日照的要求,气温保持在 20℃～22℃,地温保持在 16℃,每天需 8～10 小时的短日照,这样有利于花芽分化。经过 1 周时间,花芽分化结束,才可倒苗分苗。如果夏季育苗,应采用直播法,而且要采取遮阳降温措施。

6. 幼苗期与成苗期管理　幼苗期的营养面积,每株以 5 厘米×5 厘米为宜;成苗期的营养面积,每株以 8 厘米×10 厘米为宜。在营养钵(或营养纸袋)内,则每钵(袋)只留 1 株壮苗。每次移苗时,都要浇足底水。移苗后要保持高温高湿,温度保持在 25℃～28℃,土壤保持潮湿,以利于缓苗。缓苗后,则要降温降湿,以防徒长。一般白天气温控制在 20℃左右,夜间气温控制在 15℃左右,地温控制在 15℃即可。如果土壤太湿,可通过掺土、撒干土或炉灰来调整,以利于根系生长或蹲苗。如果出现脱肥现象(秧苗黄绿),可喷 0.2％尿素或 0.3％磷酸二氢钾。长到成苗期,要按壮苗标准进行管理或炼苗。

7. 壮苗标准　黄瓜壮苗标准是:冬季苗龄 50 天左右,夏秋苗龄 30 天左右,株高 15～20 厘米,茎粗,色绿,下胚轴(子叶下部的茎)长 3～4 厘米,叶片 4～7 片,叶片肥大深绿,子叶肥厚,80％植株已现大蕾,子房粗大,根系发达,吸收根(白色新根)多,整株秧苗硬朗而且有弹性,没有病虫害和机械损伤。

8. 育苗注意事项　在育苗过程中,由于温、湿、土、肥等条件的变化,可能出现一些异态现象,需要及时掌握,并采取相应对策。主要表现有以下几种情况。

(1)氮素过多　新叶黄化而向内反卷,叶片皱缩浓绿,生长点萎缩,茎弯曲,节间短,叶片小。

(2)低湿影响　子叶小而向后翻,叶皱,叶面积小,严重时子叶边缘呈白色上卷,根发锈,无新根。

(3)骤然低温闪苗　叶萎蔫,呈水浸状,黄绿色,有白斑,严重时干尖叶枯。

（4）土壤低温多湿　叶片墨绿不舒展,叶缘枯黄,根锈。

（5）夜间高温多湿　节间长,叶柄长,叶片大而薄,叶色淡绿,早晨叶缘有水珠,生长点黄化。

（6）土壤盐分浓度大和缺水　子叶深绿下垂,茎节短,叶片黑绿皱缩,叶脉凹而叶肉突起,叶缘下卷有黄边,根系锈而根尖呈平头状,严重时烂根干枯。

此外,由于黄瓜茎叶幼嫩多汁,易徒长,所以应适当蹲苗炼苗。但在低温高湿情况下,易出现猝倒和沤根现象,因而土温不可低于10℃。在高温高湿或高温干旱的条件下,易发生立枯病,应喷64%噁霜·锰锌可湿性粉剂600倍液。

（三）嫁接育苗技术

黄瓜嫁接是黄瓜根被南瓜根替换的栽培方式。由于南瓜根系发达,耐低温抗高温,不受土传病害感染,使黄瓜植株生长健壮,对多种病害特别是对枯萎病有预防效果,且早熟高产。黄瓜嫁接的方法很多,目前主要应用靠接法和插接法。

1. 靠接法　靠接法（图 3-1）需要的工具有嫁接夹和刀片等。黄瓜嫁接的砧木多用亲和力强的黑籽南瓜。嫁接前,先播黄瓜,3～5 天后播南瓜,南瓜播后 10 天左右,当黄瓜秧苗子叶展平,心叶长到 0.5 厘米左右,南瓜秧苗心叶长到 1～2 厘米,即可进行嫁接。

嫁接的方法:首先,用刀片将南瓜生长点从子叶处去掉,在南瓜生长点下 0.5 厘米处用刀片向下切 30°角的切口,深度约为茎粗的 1/2。黄瓜是将生长点下 1.2～1.5 厘米处向上切 30°角的切口,深度为黄瓜茎粗的 2/3。黄瓜、南瓜切口的斜面长度均约 1 厘米。要快而准地将接穗切口插进砧木切口内,并使砧木和接穗的一边对齐,使砧木和接穗的子叶互相垂直,接穗的子叶在上面。然后,用嫁

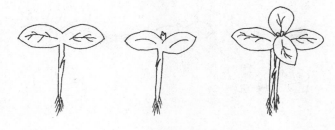

图 3-1　靠 接 法

接夹夹在接口处予以固定。最后将黄瓜秧苗的根用潮土培起来,立即送到保温、保湿、弱光的培养床内,扣上小拱棚进行培养。

　　嫁接后的管理很重要,嫁接完的幼苗要随接随栽随浇水,并立即扣小拱棚覆盖。嫁接后 3～5 天内白天保持 25℃～28℃,夜间 18℃～20℃,要求床土温度 20℃～22℃,空气相对湿度 98％～100％(叶片和塑料膜上要保持有小露珠),如需喷水,要预防污染切口;光照方面,接后 3 天内只可见弱光,中午要用草苫遮光,以后逐渐增大见光量。3～5 天后,开始通风,并逐渐降低温度;白天可降至 22℃～24℃,夜间降至 12℃～15℃。小拱棚内相对湿度控制在 80％左右。7 天后可不再遮光,逐渐降温、降湿、通风。嫁接后 10～15 天,如长出新叶,证明接口愈合,嫁接成功。这时,可在嫁接夹下方将接穗的茎用手捏一下,破坏其输导组织,3 天后可将接穗断根,20 天后可去掉嫁接夹。同时,在管理中,要随时去掉南瓜的萌蘖和萌芽。

　　2. 插接法　插接法(图 3-2)需要的工具有竹签和刀片。要求竹签的粗度与黄瓜茎粗相同,一般宽度为 3～4 毫米,厚约 2 毫米,长度为 3～4 厘米,竹签一端削成呈 30°角的斜面,斜面长度约 1 厘米。用插接法嫁接,黑籽南瓜应提前 4～5 天播种。插接的适宜时期是在接穗播种后 7 天左右。此时砧木的第一片真叶有手指肚大小,接穗的子叶刚展开。

图 3-2 插 接 法

嫁接的方法:首先,先把南瓜的真叶和生长点用竹签剔掉,用竹签从南瓜的一侧子叶之上向对侧子叶中脉基部的胚茎斜下方扎一深 0.6～0.7 毫米的插孔,注意不要插透胚茎外表皮,更不要角度过直而插在胚茎的髓腔内。然后,手在黄瓜苗子叶下方约 1 厘米处向下斜切一刀,刀口深至茎粗的 2/3,长 0.6～0.8 厘米,再在其对面斜切一刀,使胚茎下部断掉而上段成一两面有切口的楔形。这时,从砧木上拔出竹签,将接穗立即插入插孔中。并使接穗的子叶同砧木的子叶交叉呈"十"字形。

嫁接后的管理方法和要求,与靠接法相同。一般 3 天切口即可愈合,7 天嫁接苗开始生长。要逐步降温、降湿,加大通风和光照;并要随时除掉南瓜的萌蘖和萌芽,以保证接穗的营养供应。

(四)适时定植

1. 定植期 黄瓜属于喜温作物,因而其定植期必须选在温暖时期,或创造出温暖环境再定植。露地生产,必须在终霜期过后的 5 月份进行,一般在 10 厘米土温稳定在 12℃以上,气温在 18℃～20℃时定植。如果地膜覆盖,可提前 1 周定植;如果在大棚内定植,可提前 15～20 天。如果在温室内定植,必须掌握 10 厘米土温在 12℃以上,气温在 20℃左右,而且要事先整地。

2. 定植前整地 黄瓜是喜水喜肥作物,而且根的再生力弱,因此,要求耕作土层深厚,排灌良好,土质肥沃,属于中性或微酸性土壤。每生产 1000 千克黄瓜需氮 1.7 千克、磷 0.99 千克、钾 3.49 千克。此外,还需氧化钙 3.1 千克、氧化镁 0.7 千克和适量的二氧化碳。因此,应在多次深翻熟化土壤的基础上,每 667 米² 施腐熟的优质粗肥 1 万千克、磷酸二铵 50 千克。深翻后,做成高畦或大垄皆可。一般畦(垄)宽 100 厘米,高 10 厘米。如果在棚室内生产,畦(垄)上面应覆地膜,地膜下应留水沟,以备进行膜下暗灌。这样,可以减少棚室内的湿度,减少病虫害发生。

3. 定植方法 在冬春季棚室内定植,必须选冷尾暖头(一般冬天冷 4 天再暖 3 天,即选择冷的第四天为暖的第一天俗称冷尾暖头),应该在冷尾暖头的晴天中午开始定植。在夏天或气温高时定植,则应选阴天或下午定植,这样有利于缓苗成活。定植采用大垄(畦)双行、内紧外松的方法,这样既有利于通风透光、又便于田间作业。每垄(畦)栽 2 行,小行距为 45 厘米,株距 30 厘米,每667 米² 4000 株。如果采用嫁接苗定植,应采用 120 厘米宽畦(大垄),小行距 55 厘米,株距 40 厘米,每 667 米² 2800 株左右。定植时,用打孔器按一定株行距打穴眼,然后放进带土坨的壮秧。随后浇水(冬季浇温水),以水能洇透土坨为度。栽的深度,可稍露土坨,要求嫁接苗切口处不可有土。水渗下后应及时封埯。在冬季和春季定植后,为了保温,还可扣小拱棚。在夏季定植,为防止高温、强光照和雨水冲刷,应支遮阳网或遮阳棚。

(五)田间管理

1. 缓苗前后管理 定植后,要调节气温,保持在 25℃～28℃,并保持土壤潮湿。一般经 3～5 天后,可看到心叶见长,而且出现新根,则证明缓苗成功。这时,应降温、降湿,控温在 20℃～25℃,并适当通风降湿。露地生产,则要通过锄耪松土,降湿蹲苗。蹲苗期约 1 周,瓜秧开始甩蔓。这时,应结合追肥(667 米² 施尿素 10

千克),浇 1 次提秧水。棚室内生产,要进行扎眼施穴肥,实行膜下暗灌水,随后则插架绑蔓。为了不影响光照,应采用吊蔓法,即在棚室顶部正对着秧苗吊一条细绳,然后将瓜蔓盘到绳上。

2. 水肥管理 插架和吊蔓后,直至根瓜长到 5～8 厘米长的这段时间,只进行绑蔓、引蔓和除草等田间管理。当根瓜长到 10 厘米左右时,是营养生长与生殖生长同时进行时期,要加强水肥管理。每 667 米² 可施饼肥 200 千克,或施尿素 15 千克,以促秧结瓜。此后,则每 3～5 天浇 1 次水,每 2 次浇水之间追 1 次肥。每次施用尿素 15 千克,可用随水施肥方法。同时,土壤要保持湿润。当发现新生叶片黄绿,瓜条膨大缓慢时,可以进行叶面喷肥,用 0.2％磷酸二氢钾,或用 0.2％白糖水加 0.2％尿素喷施叶面(每 667 米² 用药液 70 千克)。在喷药防治病虫害的同时,也可加入适量的叶面肥。此外,进入结瓜期以后,对于棚室内生产的黄瓜,应适当增加二氧化碳气肥,使棚室内空气中的二氧化碳浓度,由 300 微升/升增加到 1200 微升/升。这样,黄瓜的产量可增加 50％～100％。二氧化碳气肥的来源,可由燃烧沼气生成,也可由碳酸氢铵与硫酸进行化学反应生成。

3. 植株调整 除插架和绑蔓外,还要及时去掉卷须和多余的侧枝。对于主侧蔓都可结瓜的品种,当侧蔓结 1～2 条瓜后,留 3 片叶就可打尖,这样有利于通风透光。在棚室内生产,由于棚室高度所限,主蔓在 25 片叶时就可打尖。另外,由于黄瓜叶片的光合能力只有 30 天左右,所以如果枝叶过密,应适当摘去下部的老叶。

4. 适时采收 黄瓜只要水肥充足,在适宜的温度和光照下,瓜条生长膨大得较快,有的一昼夜可长 3～5 厘米。因此,必须及时采收,只要达到商品成熟度就可采收。在冬、春季生产黄瓜,如有降温天气、连阴雨、雪天,或发现有脱肥现象时,应提前采收。特别是对根瓜应该早摘,因为根瓜的生长,直接影响到其他瓜的发育。另外,对于畸形瓜,如螺旋瓜、尖嘴瓜及大肚瓜等,必须及早摘除,以减少营养消耗。

(六)不良环境对黄瓜植株及瓜条的影响

除病虫害以外,不良的环境因素,对黄瓜植株和瓜条生长也有很大影响。例如,低温或高温、干旱、施肥不合理、光照不足等因素,对黄瓜植株及瓜条都有直接影响。

1. 畸形瓜产生的原因

(1)弯曲瓜 黄瓜茎叶过密,特别是行距窄,植株郁闭,通风透光不良,或肥料不足,干旱缺水,引起植株生长衰弱,营养不良时,都易发生弯曲瓜。但有些瓜条弯曲是由于雌花受精不完全造成果实发育不平衡或由于卷须缠绕、架材和茎蔓阻挡等机械原因造成,应予区别。

(2)大肚瓜 黄瓜雌花授粉、受精不充分、不完全时可能形成大肚瓜。不经受精单性结出的瓜若形成大肚瓜时,多是由于植株生长势弱,营养不良,特别是缺钾等原因造成。在同一条瓜膨大过程中,前期与后期缺水,而中期不缺水时也可能形成大肚瓜。高温、光照不足,密度过大、摘叶过多都能造成大肚瓜。

(3)蜂腰瓜 黄瓜雌花授粉不完全,授粉后植株营养物质供应不足,干物质积累少,养分分配不足可能形成蜂腰瓜。水分供给不足不匀,高温干旱造成植株衰弱也可能形成蜂腰瓜。

(4)尖嘴瓜 黄瓜单性结实弱的品种且开花期雌花没有受精,果实中不能形成种子,缺少促使营养物质向果实运输的原动力,造成果实尖端营养不良。植株生长早期,氮肥供应不足,使得植株茎秆细而坚韧,果实也会产生尖头瓜。另外,植株生长势弱,特别是果实膨大后期,肥水不足,使果实不能得到正常的养分供应而形成尖头瓜。

(5)化瓜 由于植物生长势弱,营养不良,瓜条中途停止发育,则会出现化瓜。或者遇到突然降温,或水肥过大,或激素过高过低,或开花量过大,或小老苗徒长,或初期开的雌花等情况,都易出现化瓜现象。

(6)苦味瓜 有的品种植株老化,或过熟的瓜条,或根部受伤的植株,或遇到高温、干旱或低温,都会造成瓜味变苦。此外,施氮肥过多,或缺肥,或光照不足,也易使瓜味变苦。

2. 温湿度异常对植株的影响 黄瓜遇温湿度异常,除易引发传染性病虫害外,还易引起异常生理现象。其主要表现如下。

(1)子叶异常 子叶太薄,色浅,则为低温高湿表现;子叶萎蔫,则为夜间温度过低表现;子叶边缘黄白,则为受风和低温影响;子叶前半部黄,则是水大、温度低造成的;子叶小而黄绿,则为营养不良或干旱表现;子叶边缘上卷变白,则是因为短期低温的影响;子叶尖端下垂,则是受长期低温的影响;浇水过多,则子叶先黄萎,后脱落,下部叶片黄化。

(2)真叶异常 夜温太低,营养无法向外输送,则会造成叶面凸凹不平,叶厚色深;闪苗或冻苗,则叶片萎蔫,呈水浸状,叶缘上卷变白干尖;遇到低温干旱,则真叶小而翠绿,叶卷叶尖易脱落;遇到低温高湿,则真叶鲜绿有光泽,叶尖长而叶基部凹陷,叶缘上翘;土温低而湿度大时,则叶片萎缩,下部叶黄易落,而且易烂根;如遇轻微冻害,则下部叶黄干枯,但生长点正常;夜间或阴天高温,则叶片大而且茎长,雄花多易化瓜,在早晨生长点呈黄绿色;遇到高温高湿,则叶片大而肉薄,叶柄长,胚轴细长,节间也长,徒长细弱;缺水肥或定植过晚(蹲苗过长),则茎蔓停长,并出现花打顶,叶片厚且色深,叶下垂;卷须呈弧形下垂,则表示缺水;卷须细而短卷呈钩状或圆形,则表示营养不良;某节上只有卷须而无叶片,则表示温度过低。

(七)黄瓜生产历程

黄瓜生产历程,如表3-1所示。

表 3-1 黄瓜生产历程

栽培形式	播种期	定植期	收获期
温室秋冬茬	9月下旬至10月下旬	10月下旬至11月下旬	12月上旬至翌年2月下旬
温室冬春茬	12月中旬至翌年1月上旬	2月上旬至2月下旬	3月上旬至5月下旬
春 大 棚	1月下旬至2月上旬	3月下旬至4月上旬	4月下旬至7月上旬
早春地膜	2月下旬至3月下旬	4月下旬至5月上旬	5月下旬至7月上旬
春 露 地	4月上旬至4月中旬	5月上旬至5月中旬	6月中旬至8月上旬
夏 播	6月下旬至7月上旬	直 播	8月上旬至9月下旬
秋 大 棚	7月中旬至7月下旬	直 播	8月下旬至10月下旬

（八）病虫害防治

1. 黄瓜猝倒病（又称绵腐病、卡脖子病、小脚瘟）

（1）发病条件 属于真菌性土传病害。病菌以卵孢子在12～18厘米土层越冬，并在土中长期存活。病菌生长适宜地温15℃～16℃，温度高于30℃受到抑制；适宜发病地温10℃，低温对寄主生长不利，但病菌尚能活动，尤其是育苗期出现低温、高湿条件，利于发病。在有雨、有水条件下传播较快。一般在1～3片叶的幼苗期易发病。结果期阴雨连绵，果实易染病。

（2）主要症状 茎基部有水浸状病斑，后逐渐变成黄褐色，并逐渐干枯，呈现线状，往往子叶尚未凋萎，幼苗即突然猝倒，致幼苗贴伏地面，有时瓜苗出土胚轴和子叶已普遍腐烂，变褐枯死。湿度大时，病株附近长出白色棉絮状菌丝。果实发病多始于脐部，也有的从伤口侵入在其附近开始腐烂，病斑扩大，呈黄褐色，水渍状，大斑块腐烂，病瓜外表有白絮状菌丝。

（3）防治措施 一是种子和床土消毒。用30％苯噻氰乳油1 000倍液浸泡黄瓜种子6小时后带药催芽直至播种。床土应选用无病新土，如用旧园土，有带菌可能，应进行苗床土壤消毒。方法：每平方米苗床用95％噁霉灵原药1克对水3 000倍喷洒苗床，也可把 1 克 95％噁霉灵原药对细土 15～20 千克,或 30％多·福可湿性粉剂 4 克,或 25％甲霜灵可湿性粉剂 9 克加 70％代森锰锌可湿性粉剂 1 克对细土 4～5 千克拌匀,施药前先把苗床底水打好,且一次浇透,一般 17～20 厘米深,水渗下后,取 1/3 充分拌匀的药土撒在畦面上,播种后再把其余 2/3 药土覆盖在种子上面,即上覆下垫。如覆土厚度不够可补撒墒土使其达到适宜厚度,这样种子夹在药土中间,防效明显。二是营养土消毒。连年种植蔬菜的营养土,育苗时也要用 95％噁霉灵原药每立方米营养土用 1.5克,对水 3 000 倍液均匀喷洒营养土,拌匀后装盆或育苗盘再播种。三是加强苗床管理,选择地势高、地下水位低、排水好的地做苗床,播前一次灌足底水,出苗后尽量不浇水,必须浇水时一定选择晴天喷洒,不宜大水漫灌。四是育苗畦(床)及时放风、降湿,即使阴天或雨雪天气也要适时适量放风排湿,严防瓜苗徒长染病。五是果实发病重的地区,要采用高畦栽培,防止雨后积水。黄瓜定植后,前期宜少浇水,多中耕,注意及时插架,以减轻发病。六是发病初期喷淋 30％苯噻氰乳油 1 200 倍液,每平方米喷淋对好的药液 2～3 升,或 15％噁霉灵水剂 450 倍液,或 3％甲霜·噁霉灵水剂 1 000 倍液。

2. 黄瓜沤根病(又称抽扦、烂根)

(1)发病条件　黄瓜沤根属于生理病害。主要是由于长期低地温和湿度太大,或遇连阴雨天气形成的低温高湿,而引起的病害。

(2)主要症状　主要表现为根皮发锈腐烂,地上部分萎蔫,叶缘变褐干枯,整个植株很容易拔起。

(3)防治措施　主要预防低地温和高湿环境。可采用电热线育苗,或用小拱棚保温;在保护地内,要进行膜下暗灌和高垄高畦栽培,并要适当通风散湿;遇有连阴雨天气,不可浇水;防治传染性病虫害,应用粉尘剂或烟剂,以降低棚室内湿度。对于无地膜覆盖的植株,要经常锄耪松土,以提高地温,促发新根。此外,还应设法增强植株抗性,如增施磷、钾肥,叶面喷磷酸二氢钾和白糖水(浓度以 0.2%～0.5%为宜),以抵御病害的发生(每 667 米² 用药液 50千克)。

3. 黄瓜立枯病(又称死苗或霉根)

(1)发病条件　立枯病属于真菌性病害,通过土壤传播。在高温高湿或高温干旱条件下,都易引起这种病害蔓延;在苗期,由于炭疽病菌的侵入,也易引发此病。

(2)主要症状　立枯病的主要症状是,在茎基部或地下根部,出现椭圆形暗褐色凹陷斑,扩展后绕茎 1 周,使茎萎缩干枯而死亡。但死而不倒,故称立枯病。症状进一步发展,则根茎皮层呈褐色,并逐渐腐烂,同时病斑处有不太明显的淡褐色轮纹状或蛛丝状霉状物。

(3)防治措施　立枯病的防治,可以参考沤根病的防治。此外,在立枯病初期,还可用 15%噁霉灵水剂 400 倍液喷雾,或 95%噁霉灵原药 3 000 倍液,或 30%苯噻氰乳油 1 200 倍液,每平方米2～3 升。在播种前,可进行土壤消毒,消毒方法可参考猝倒病的防治。

瓜类和茄果类的蔬菜苗期病害,主要是猝倒病。

4. 黄瓜炭疽病

(1)发病条件　炭疽病属于真菌性病害。病菌主要以菌丝体或拟菌核在种子上,或随病残株在田间越冬,亦可在温室或塑料温室旧木料上存活。病菌通过植物体表皮或伤口侵入,通过引种、播种和雨水传播。10℃～30℃均可发病,其中 24℃发病重。湿度是诱发本病的重要因素,在适宜温度范围内,空气湿度大,易发病,空气相对湿度 87%～98%,温度 24℃潜育期 3 天,空气相对湿度低于 54%则不能发病。早春塑料棚温度低,湿度高,叶面结有大量水珠,黄瓜吐水或叶面结露,发病的湿度条件经常处于满足状态,易流行。露地条件下发病不一,南方 5～6 月份,北方 7～9 月份,低温多雨条件下易发生,气温超过 30℃,空气相对湿度低于 60%,病势发展缓慢。此外,采用不放风栽培法及连作、氮肥过多、大水漫灌、通风不良、植株衰弱发病重。

(2)主要症状　黄瓜苗期到成株期均可发病,幼苗发病,多在子叶边缘出现半椭圆形淡褐色病斑,上生橙黄色点状胶质物。重者幼苗近地面茎基部变黄褐色,逐渐细缩,致幼苗折倒。叶片上病斑近圆形,直径 4～18 毫米,棚室湿度大,病斑呈淡灰至红褐色,略呈湿润状,严重的叶片干枯。主蔓及叶柄上病斑椭圆形,黄褐色,稍凹陷,严重时病斑连接,包围主蔓,致植株一部分或全部枯死。瓜条染病,病斑近圆形,初呈淡绿色,后为黄褐色或暗褐色,病部稍凹陷,表面有粉红色黏稠物,后期常开裂。叶柄或瓜条上有时出现琥珀色流胶。

(3)防治措施　一是选用抗病品种。如津研 4 号、保护地 1 号、保护地 2 号、旱黄瓜新组合 9206、早青 2 号、中农 1101、夏丰 1 号。此外,中农 5 号、夏青 2 号较耐病。二是采用无病种子,做到从无病瓜上留种,对生产用种以 50℃～55℃温水浸种 20 分钟,或每 50 千克种子用 10%咯菌腈悬浮剂 50 毫升,先以 0.25～0.5 升水稀释药液后均匀拌和种子,晾干后即可催芽或直播。三是实行 3 年以上轮作,对苗床应选用无病土或进行苗床土壤消毒,减少初侵染源。采用地膜覆盖可减少病菌传播机会,减轻危害;增施磷、钾肥以提高植株抗病力。四是加强棚室温湿度管理。在棚室进行生态防治,即进行通风排湿,使棚内空气相对湿度保持在 70%以下,减少叶面结露和吐水。田间操作,除病灭虫,绑蔓、采收均应在露水落干后进行,减少人为传播蔓延。五是塑料大棚或温室采用烟雾法。选用 45%百菌清烟剂,每 667 米² 每次 250 克,隔 9～11 天熏 1 次,连续或交替使用;也可于傍晚喷撒 6.5%甲硫•乙霉威粉尘剂,或 5%百菌清粉尘剂,每 667 米² 每次 1 千克。六是棚室或露地于发病初期喷洒 25%咪鲜胺乳油 1 000 倍液,或 50%咪鲜胺锰盐可湿性粉剂 1 500 倍液,或 60％福·福锌可湿性粉剂 700 倍液,或 40％多·福·溴菌可湿性粉剂 800 倍液,或 1％多抗霉素水剂 300 倍液,或 68.75％噁酮·锰锌水分散粒剂 800 倍液,或 70％丙森锌可湿性粉剂 600 倍液,或 80％炭疽福美(由福美双 30％、福美锌 50％、助剂和载体等组成)可湿性粉剂 800 倍液,或 25％溴菌腈可湿性粉剂 500 倍液,或 2％嘧啶核苷类抗菌素水剂 200 倍液,隔 7～10 天 1 次,连续防治 2～3 次。使用百菌清烟剂的采收前 3 天停止用药。

5.黄瓜疫病

(1)发病条件　黄瓜疫病属于真菌性土传病害。病菌在土壤里或病残体上越冬,通过根和叶片侵染植株,借风、雨、灌溉水传播蔓延。发病适温 28℃～30℃,在适温范围内,土壤水分是此病流行的决定因素。因此,凡雨季来临早、雨量大、雨日多的年份或浇水过多发病早,传播蔓延快,危害也重。地势低洼、排水不良、浇水过勤的黏土地发病重。连作地、田园不清洁及施用带病残物或未腐熟的厩肥易发病。

(2)主要症状　黄瓜疫病主要危害叶片、茎和果实。病叶有水浸斑,干燥时呈青白色,且易破碎,或者叶片下垂;病茎的基部有暗绿色水渍斑,后期病斑缢缩,使基上部茎叶枯死;病瓜条上有水浸状缢缩凹陷斑,潮湿时易长出白霉,有的腐烂,并有腥臭味。

(3)防治措施　一是选用耐疫病品种。如:保护地用中农 5 号、保护地 1 号、保护地 2 号、长春密刺等,露地选用湘黄瓜 4 号、湘黄瓜 5 号、早青 2 号、中农 1101、京旭 2 号、津杂 3 号、津杂 4 号等。二是嫁接防病。可用黑籽南瓜或南砧 1 号做砧木与黄瓜嫁接,可防疫病及枯萎病。三是苗床或大棚土壤处理。每平方米苗床用 25％甲霜灵可湿性粉剂 8 克与适量土拌匀撒在苗床上,大棚于定植前用 25％甲霜灵可湿性粉剂 750 倍液喷淋地面。四是药剂浸种。72.2％霜霉威水剂或 25％甲霜灵可湿性粉剂 800 倍液浸种半小时后催芽。五是与非瓜类作物实行 5 年以上轮作,而且最好接辣茬作物,如接葱茬、韭菜茬等;覆盖地膜阻挡土壤中病菌溅附到植株上,减少侵染机会。六是加强田间管理。采用深沟高畦栽植,开好三沟,明水能排,暗水能滤,雨后沟干,避免积水。苗期控制浇水,结瓜后做到见干见湿,发现疫病后,浇水减到最低量,控制病情扩展。但进入结瓜盛期要及时供给所需水量,严禁雨前浇水。做到及时检查,发现中心病株,拔除深埋。七是药剂防治。在测报基础上于发病前开始喷药,尤其雨季到来之前先喷 1 次预防,雨后发现中心病株及时拔除后,立即喷洒或浇灌 70% 乙铝·锰锌可湿性粉剂 500 倍液,或 72.2% 霜霉威水剂 600～700 倍液,或 72% 霜脲·锰锌可湿性粉剂 700 倍液,或 78% 波尔·锰锌可湿性粉剂 500 倍液,或 56% 霜霉清可湿性粉剂 700 倍液,或 69% 烯酰·锰锌可湿性粉剂 600 倍液,或 60% 锰锌·氟吗啉可湿性粉剂 750 倍液,或 25% 甲霜灵可湿性粉剂 800 倍液加 40% 福美双可湿性粉剂 800 倍液灌根,隔 7～10 天 1 次,病情严重时可缩短至 5 天,连续防治 3～4 次。使用霜霉威的采收前 3 天停止用药。

6. 黄瓜霜霉病

(1)发病条件　黄瓜霜霉病又称跑马干、黑毛病,属于真菌性病害。病菌在叶片上越冬,借助叶片上的水滴浸入叶肉,靠空气流通和田间作业进行传播。当气温在 20℃～24℃ 时,空气相对湿度在 85% 以上,叶面有水珠时,易流行此病。

(2)主要症状　黄瓜霜霉病主要危害叶片,病叶正面有黄绿病斑,叶缘和叶背有水浸斑,病斑受叶脉限制呈多角形黄褐斑,潮湿时叶背面有黑灰色霉层,后期病叶卷曲形成黄干叶,且易破碎。

(3)防治措施　一是因地制宜选用抗病品种。露地选用津春 4 号、5 号,津优 10 号、20 号、30 号,中农 6 号、8 号、9 号、12 号,湘黄瓜 4 号、5 号,津研 2 号、4 号、6 号、7 号,津杂 1 号、2 号、3 号、4 号、津早 3 号,津优 1 号、2 号,烟太空黄瓜 1 号,505,夏青 2 号,鲁春 26 号、32 号,鲁黄 1 号,宁丰 1 号、2 号,冀菜 2 号,郑黄 2 号,春风 2 号,龙杂黄 1 号,吉杂 2 号,夏丰 1 号,甘丰 8 号,露地 2 号,早丰 1 号等新品种。保护地可选用津优 3 号,保护地 1 号、2 号,北京 401,津杂 2 号、4 号,津春 2 号、3 号,济杂 1 号,济南密刺,8102,甘杂 828,沪 5 号,503,中农 5 号、7 号,鲁黄瓜 4 号,山东 87-2,碧春等。密刺类虽不抗霜霉病,但早熟性丰产性好,适于栽培技术及防病水平高的地区选用。二是栽培无病苗,改进栽培技术。育苗温室与生产温室分开,减少苗期染病。采用电热或加温温床育苗,温度较高湿度低,无结露发病少;定植要选择地势高、平坦、易排水地块,采用地膜覆盖,降低棚内湿度;生产前期,尤其是定植后结瓜前应控制浇水,并改在上午进行,以降低棚内湿度;适时中耕,提高地温。三是施用腐熟有机肥或有机活性肥或海藻肥;采用配方施肥技术,补施二氧化碳气肥,或黄瓜生长后期,植株汁液氮糖含量下降时,叶面喷施 1% 尿素或 0.3% 磷酸二氢钾,或叶面施用喷施宝,每毫升对水 11～12 升,可提高植株抗病力。四是药剂防治。保护地棚室可选用烟雾法或粉尘法。烟雾法:在发病初期每 667 米² 用 45% 百菌清烟剂 200 克或 15% 霜疫清烟剂 250 克,分放在棚内 4～5 处,用香或卷烟等暗火点燃,发烟时闭棚,熏 1 夜,次晨通风,隔 7 天熏 1 次,可单独使用,也可与粉尘法、喷雾法交替轮换使用。粉尘法:于发病初期傍晚用喷粉器喷撒 5% 百菌清粉尘剂,或 5% 春雷·王铜粉尘剂,每 667 米² 每次 1 千克,隔 9～11 天 1 次。保护地和露地可用喷雾法,发现中心病株后首选 52.5% 噁酮·霜脲氰水分散粒剂 1 500 倍液,或 70% 乙铝·锰锌可湿性粉剂 500 倍液,或 72.2% 霜霉威水剂 800 倍液,或 58% 甲霜·锰锌可湿性粉剂 600～700 倍液,或 72% 霜脲·锰锌可湿性粉剂 600～700 倍液,或 75% 百菌清可湿性粉剂 600 倍液,或 25% 甲霜·霜霉威可湿性粉剂 500 倍液,每 667 米² 喷药液 60～70 升,隔 7～10 天 1 次。后视病情发展情况,再确定是否用药。霜霉病与细菌性角斑病混发时,为兼防两病,可喷洒 47％春雷·王铜可湿性粉剂 600 倍液,或 60％琥铜·乙铝·锌可湿性粉剂 500 倍液。霜霉病与白粉病混发时,可选用 40％三乙膦酸铝可湿性粉剂 200 倍液加 15％三唑酮可湿性粉剂 2 000 倍液。霜霉病与炭疽病混发时,可选用 40％三乙膦酸铝可湿性粉剂 200 倍液加 25％多菌灵可湿性粉剂 400 倍液,或 25％多菌灵可湿性粉剂 400 倍液加 75％百菌清可湿性粉剂 600 倍液,兼防两病。对上述杀菌剂产生抗药性的地区可选用 69％烯酰·锰锌可湿性粉剂 600 倍液,或 60％锰锌·氟吗啉可湿性粉剂 700 倍液。此外,也可喷洒 70％丙森锌可湿性粉剂 700 倍液,或 86.2％氧化亚铜可湿性粉剂 1 000 倍液。使用霜霉威的采收前 3 天停止用药。

7. 黄瓜枯萎病(又称蔓割病、萎蔫病、死秧病)

(1)发病条件　黄瓜枯萎病属于真菌性病害。病菌在土壤里越冬,通过根毛或根部的伤口侵入植株,可借助于土壤或田间作业进行传播。当气温在 24℃左右、空气相对湿度在 90％左右时,酸性土壤首先发病。

(2)主要症状　枯萎病多在黄瓜开花结果后才发病。在茎叶上表现症状。病叶呈失水状,萎蔫下垂,植株的一侧或部分叶片先发病,逐渐蔓延到全株叶片。病茎基部纵裂,茎的维管束变成褐色。潮湿时病部表面有白色或粉色霉状物,并有琥珀状胶状物溢出。

(3)防治措施　一是选用抗病品种。黄瓜品种间对枯萎病的抗性差异明显。因地制宜选用津春 4 号、5 号,津优 3 号、10 号、20 号、30 号,中农 8 号、9 号、12 号,甘丰 11 号,吉选 2 号,旱黄瓜新组合 9206,春光 2 号,湘黄瓜 4 号、5 号,长春密刺,津研 6 号、7 号,津杂 2 号、3 号、4 号,津早 3 号,西农 58 号,早青 2 号,中农 5 号,龙杂黄 1 号,郑黄 2 号,宁丰 1 号、2 号,鲁黄 1 号,早丰 1 号,春丰 2 号等抗病品种。二是选用无病新土育苗,采用营养钵或塑料套分苗,便于培育壮苗,定植时不伤根,定植后缓苗快,增强寄主抗病性。三是选择 5 年以上未种过瓜类蔬菜的土地种植,或与其他蔬菜实行轮作。四是嫁接防病。选择云南黑子南瓜或南砧 1 号做砧木,可防枯萎病。五是加强栽培管理。施用充分腐熟有机肥或酵素菌沤制堆肥或海藻肥,减少伤口;提高栽培管理水平,浇水做到小水勤浇,避免大水漫灌,适当多中耕,提高土壤透气性,使根系苗壮,增强抗病力;结瓜期应分期施肥,切忌用未腐熟的人粪尿追肥。六是药剂防治。种子消毒:用有效成分 0.1％的 60％多菌灵盐酸盐可溶性粉剂加 0.1％平平加浸种 60 分钟,捞出后冲净催芽。也可把干燥黄瓜种子置于 70℃,恒温处理 72 小时,但要注意品种间耐温性能及种子含水量,确保发芽率。苗床消毒:每平方米苗床用 50％多菌灵可湿性粉剂 8 克处理畦面。土壤消毒:用 50％多菌灵可湿性粉剂每 667 米^{2}4 千克,混入细干土,拌匀后施于定植穴内。药剂灌根:掌握在黄瓜 4～5 片真叶期、始瓜期或发病前或发病初期,50％多菌灵可湿性粉剂 500 倍液,或 3％甲霜·噁霉灵(广枯灵)水剂 750～1 000 倍液,或 30％噁霉灵水剂 1 000 倍液,或 60％琥铜·乙铝·锌可湿性粉剂 500 倍液灌根,每株灌对好的药液 0.3～0.5 升,隔 10 天灌 1 次,连续防治 2～3 次,但一定要早防、早治,否则效果不明显。

8. 黄瓜黑星病

(1)发病条件　黄瓜黑星病为真菌性病害,属于检疫对象。病菌在土壤或病残体上越冬,而且种子带菌,病菌可通过带菌的种子传染植株,或通过植株表皮、气孔或伤口侵入,借助引种播种或田间管理进行传播。当气温在 15℃～25℃、空气相对湿度大于 90％时,易流行黑星病。

(2)主要症状　黄瓜黑星病可危害叶片、茎和果实。幼苗染病,真叶较子叶敏感,子叶上产生黄白色近圆形斑,发展后引致全叶干枯。病叶有圆形污染斑,后期形成边缘有黄晕的星星状孔洞。病茎有水浸状暗绿椭圆形病斑,后期凹陷龟裂,潮湿时生黑霉层,而且在卷须与生长点（龙头）出现腐烂。病果有暗绿色凹陷疮痂斑，有时流有褐黄色胶状物。

（3）防治措施　一是选用抗病品种，如中农 9 号、12 号，中农 201、202，春光 2 号，青杂 1 号、2 号，津春 1 号，中农 13 号、11 号、7 号，白头霜，吉杂 2 号等。二是选留无病种子。做到从无病棚、无病株上留种，采用冰冻滤纸法检验种子是否带菌。三是温汤或药剂浸种。用 55℃～60℃温水浸种 15 分钟，或 50％多菌灵可湿性粉剂 500 倍液浸种 20 分钟后冲净再催芽，或用 0.3％的 50％多菌灵可湿性粉剂拌种，均可取得良好的杀菌效果。四是覆盖地膜，采用滴灌等节水技术，轮作倒茬，重病棚（田）应与非瓜类作物进行轮作。五是熏蒸消毒。温室、塑料棚定植前 10 天，每 55 米^2 空间用硫磺粉 0.13 千克、锯末 0.25 千克混合后分放数处，点燃后密闭大棚，熏 1 夜。六是加强栽培管理。尤其定植后至结瓜期控制浇水十分重要。保护地栽培尤其要注意温湿度管理，采用通风排湿、控制灌水等措施降低棚内湿度，减少叶面结露，抑制病菌萌发和侵入。七是喷雾防治。棚室或露地发病初期喷洒 40％氟硅唑乳油 4 000 倍液，或 62.25％锰锌·腈菌唑可湿性粉剂 600 倍液，或 78％波尔·锰锌可湿性粉剂 600 倍液，或 2％武夷菌素水剂 150 倍液加 50％多菌灵可湿性粉剂 600 倍液，或 75％百菌清可湿生粉剂 600 倍液。每 667 米^2 喷药液 60～65 升，隔 7～10 天 1 次，连续防治3～4 次。八是加强检疫，严防此病传播蔓延。使用多菌灵的采收前 7 天停止用药。

9. 黄瓜白粉病

（1）发病条件　黄瓜白粉病属于真菌性病害。病菌在瓜类植物的残体上越冬，借风和雨水传播，在高温高湿或干旱环境条件下易流行。

（2）主要症状　叶片布满白粉，后期变成灰色，病叶枯黄。

（3）防治措施　一是选用抗病、耐病品种。如津优 1 号、2 号、4 号、5 号、10 号、20 号、30 号，中农 6 号、8 号、12 号，中农 201、

202,津春 4 号、5 号,北京 101、102、203,保护地 1 号、2 号,津杂 1 号、2 号、3 号、4 号,津早 3 号,津研 2 号、4 号、6 号、7 号,中农 1101,山农 1 号无籽黄瓜,鲁黄 1 号,早丰 1 号,济南密刺,郑黄 2 号,春丰 2 号,宁丰 1 号、2 号等品种较抗白粉病,可因地制宜选用。二是生物防治。喷洒 2% 嘧啶核苷类抗菌素或 2% 武夷霉素水剂 200 倍液,隔 6~7 天再防 1 次,防效 90% 以上。发病初期提倡喷洒 3% 多抗霉素水剂 600~900 倍液,隔 7 天 1 次。三是物理防治。采用 27% 高脂膜乳剂 80 倍液,于发病初期喷洒在叶片上,形成一层薄膜,不仅可防止病菌侵入,还可造成缺氧条件下使白粉菌死亡。一般隔 5~6 天喷 1 次,连续喷 3~4 次。四是药剂防治。发病初期喷洒 45% 噻菌灵悬浮剂 1 000 倍液,或 40% 氟硅唑乳油 4 000 倍液,或 30% 氟菌唑可湿性粉剂 1 500~2 000 倍液,或 40% 硫磺·多菌灵悬浮剂 600 倍液,对上述杀菌剂产生抗药性的地区改用 12.5% 腈菌唑乳油 2 000 倍液,或 62.25% 锰锌·腈菌唑可湿性粉剂 600 倍液,或 10% 噁醚唑水分散粒剂 3 000 倍液加 75% 百菌清可湿性粉剂 600 倍液混用防效优异。

10. 黄瓜灰霉病

(1)发病条件　黄瓜灰霉病属于真菌性病害。病菌在病残体上或土壤中越冬,借助气流和雨水传播。在气温 15℃~30℃、空气相对湿度在 90% 以上时,易蔓延。

(2)主要症状　危害叶、茎和幼瓜。病菌多从开败的雌花侵入致花瓣腐烂,并长出淡灰褐色的霉层,进而向幼瓜扩展,致脐部呈水渍状,幼花迅速变软、萎缩、腐烂,表面密生霉层。较大的瓜被害时,组织先变黄并生灰霉,后霉层变为淡灰色,被害瓜受害部位停止生长、腐烂或脱落。叶片一般由脱落的烂花或病卷须附着在叶面引起发病,形成直径 20~50 毫米大型病斑,近圆形或不规则形,边缘明显,表面着生少量灰霉。烂瓜或烂花附着在茎上时,能引起茎部的腐烂,严重时下部的节腐烂致蔓折断,植株枯死。

（3）**防治措施** 一是加强棚室管理。苗期、果实膨大前1周及时摘除病叶、病花、病果及黄叶，保持棚室干净，通风透光。二是棚室发病初期采用烟雾法或粉尘法。烟雾法用10％腐霉利烟剂每次每667米²200～250克，或45％灰霉灵烟剂每次每667米²150克，熏3～4小时；粉尘法于傍晚喷撒5％灭霉灵粉尘剂，或5％百菌清粉尘剂，或6.5％甲硫·乙霉威粉尘剂，每667米²每次1千克，隔9～11天1次，连续或与其他防治法交替使用2～3次。三是药剂防治。要在苗期和花果期这两个阶段，交替使用不同类型的杀菌剂，于苗期第一个高峰前及花果期第二个高峰期喷洒3％多抗霉素水剂600～900倍液，或40％灰霉菌核净悬浮剂1 200倍液，或25％咪鲜胺乳油1 200倍液，或30％霉威·百菌清可湿性粉剂500倍液，或40％嘧霉胺悬浮剂1 200倍液，或50％腐霉利可湿性粉剂1 500倍液；对苯并咪唑类产生抗药性地区，选用65％甲硫·乙霉威可湿性粉剂1 000倍液，或50％乙霉·多菌灵可湿性粉剂800倍液，或50％异菌·福美双可湿性粉剂800倍液，上述杀菌剂预防效果好于治疗效果，发病后用药，应适当加大用药量，为防止产生抗药性和提高防效，提倡轮换交替或复配使用。使用嘧霉胺的采收前3天停止用药。

11. 黄瓜细菌性角斑病（又称白干叶）

（1）**发病条件** 黄瓜细菌性角斑病属于细菌性病害。病菌在种子上或病残体上越冬，通过气孔或伤口侵入植株，借助引种、移苗、气流和雨水进行传播。在气温24℃～28℃、空气相对湿度在70％以上时，易发病。

（2）**主要症状** 黄瓜细菌性角斑病危害叶片、茎和果实。病叶有水浸状淡褐斑，后期受叶脉限制呈多角形黄褐斑，潮湿时叶背面有乳白色菌脓，干燥时呈白薄膜状（故称白干叶），质脆易穿孔。病茎纵裂呈水浸状腐烂，干枯后变褐色。病果有水浸斑，潮湿时软腐，并有灰白色菌脓。

(3)防治措施　一是选用耐病品种,如中农 5 号、9 号,中农202,甘丰 8 号,春光 2 号,保护地 1 号、2 号,津研 2 号、6 号,津早 3号,津优 30 号,碧春等。二是从无病瓜上选留种,瓜种可用 70℃恒温干热灭菌 72 小时,或 50℃温水浸种 20 分钟,捞出晾干后催芽播种;还可用次氯酸钙 300 倍液浸种 30～60 分钟,或 100 万单位硫酸链霉素 500 倍液浸种 2 小时,冲洗干净后催芽播种。三是无病土育苗,与非瓜类作物实行 2 年以上轮作,加强田间管理,生长期及收获后清除病叶,及时深埋。四是保护地须用药时可选粉尘法。喷撒 5％百菌清粉尘剂,每 667 米^2 每次 1 千克。五是露地推广避雨栽培,开展预防性药剂防治。发病初期或蔓延开始期喷洒 2％春雷霉素液剂26～54 毫克/升,或 47％春雷・王铜可湿性粉剂 700 倍液,或 78％波尔・锰锌可湿性粉剂 500 倍液,或 50％氯溴异氰尿酸可溶性粉剂1 200 倍液,或 30％苯噻氰乳油 1 000 倍液,或 53％氢氧化铜干悬浮剂 1 000 倍液,每 667 米^2 喷对好的药液60～75 升,连防 3～4 次。此外,也可选用 72％硫酸链霉素可溶性粉剂 4 000 倍液,或 1：4：600 铜皂液,或 1：2：300～400 倍式波尔多液,或 40 万单位青霉素钾盐5 000 倍液。隔 7 天 1 次,连续防治3～4 次。

12. 黄瓜蔓枯病

(1)发病条件　黄瓜蔓枯病是一种真菌性病害。病菌在病残体及土壤中越冬,主要以灌溉水、气流传播,从气孔、水孔或伤口侵入,种子带菌可引起子叶发病。高温高湿、通风不良、植株生长势弱和徒长,连年重茬的地块容易引起发病。

(2)主要症状　主要危害叶片和茎蔓,瓜条及卷须等地上部分均可受害。叶片染病,多从叶缘开始发病,形成黄褐色至褐色"V"型病斑,有的病斑圆形,其上密生小黑点,干燥后易破碎。茎蔓染病,主要在茎基和茎节等部位,初始产生油浸状小病斑,逐渐扩大后往往围绕茎蔓半周至一周,纵向可长达十几厘米,病部密生小黑点,后期病斑变成黄褐色。田间湿度大时,病部常流出琥珀色胶质物,干燥后纵裂,造成病部以上茎叶枯萎。此病在病部产生小黑点为主要识别特征,茎部发病后表皮易撕裂,引起瓜秧枯死,但维管束不变色,也不危害根部,可与枯萎病相区别。

（3）防治措施 一是选用无病种子或从无病株上选留种。二是实行2～3年的轮作。三是发病初期可选用75%百菌清可湿性粉剂600倍液,或70%甲基硫菌灵可湿性粉剂800倍液,或50%多菌灵可湿性粉剂1500倍液,或45%百菌清烟剂每667米^{2}每次250克,或40%氟硅唑乳油800倍液,每7～10天防治1次,连续防治3～4次。

13. 黄瓜蚜虫

（1）发病条件与主要症状 黄瓜蚜虫的成虫和幼虫,在瓜菜的叶背面或幼嫩茎芽上群集,吸食汁液,使叶片卷缩畸形,并能传播病毒。当气温在15℃～25℃、空气相对湿度低于7%时,易引起蚜虫蔓延。

（2）防治措施 一是加强田间管理,严防干旱。二是保护地提倡采用20～25目、丝径0.18毫米的银灰色防虫网,防治瓜蚜。三是采用黄板诱杀。用一种不干胶,涂在黄色塑料板上,黏住蚜虫、白粉虱、斑潜蝇等,可减轻受害。四是采用生物防治。可人工饲养七星瓢虫,于瓜蚜发生初期,每667米^{2}释放1500头于黄瓜植株上,控制蚜量上升。五是药剂防治。首选3%啶虫脒乳油1500倍液,或10%吡虫啉可湿性粉剂2000倍液,或25%噻虫嗪水分散粒剂2500倍液。保护地可选用10%异丙威杀蚜烟剂,每667米^{2}36克。

14. 黄瓜白粉虱（又称小白蛾）

（1）发病条件与主要症状 黄瓜白粉虱的成虫和若虫,都可从叶背的气孔中吸取汁液,在幼嫩叶的背面有群聚特性,而且可以在露地和保护地内互相迁移。被危害的幼嫩茎叶褪绿变黄,萎蔫。

白粉虱还能分泌出蜜液,污染叶片和果实。

(2)防治措施 一是以农业防治为主。提倡温室第一茬种植白粉虱不喜食的芹菜、蒜黄等较耐低温的作物,而减少黄瓜、番茄的种植面积;培育"无虫苗",把苗房和生产温室分开,育苗前彻底熏杀残余虫口,清理杂草和残株,并在通风口及门口安装防虫网,控制外来虫源;避免黄瓜、番茄、菜豆混栽;温室、大棚附近避免栽植黄瓜、番茄、茄子、菜豆等粉虱发生严重的蔬菜,提倡种植白粉虱不喜食的十字花科蔬菜,以减少虫源。二是提倡生物防治。可人工繁殖释放丽蚜小蜂。在温室第二茬番茄上,当粉虱成虫在每株0.5头以下时,每隔2周放1次,共3次释放丽蚜小蜂成蜂每株15头,寄生蜂可在温室内建立种群并能有效地控制白粉虱危害。三是进行物理防治。白粉虱对黄色敏感,有强烈趋性,可在温室内设置黄板诱杀成虫。四是药剂防治。由于粉虱世代重叠,在同一时间、同一作物上存在各虫态,而当前药剂没有对所有虫态皆有效的种类,所以采用化学防治法,必须连续几次用药。可选用的药剂和浓度如下:用25%噻嗪酮乳油1 000倍液,对粉虱若虫防治有特效;用25%甲基克杀螨(有效成分为奎诺甲二磺酸盐)乳油1 000倍液,对粉虱成虫、卵和若虫防治皆有效;用50%灭蝇胺可湿性粉剂5 000倍液,或99.1%敌死虫乳油300倍液,或25%噻虫嗪水分散粒剂3 500倍液,或40%吡虫啉浓可溶剂4 000倍液,或2.5%联苯菊酯乳油3 000倍液,可杀成虫、若虫、假蛹,对卵的防治效果不明显。

二、冬　瓜

冬瓜,又称枕瓜。

（一）生物学特性

1. 形态特征 冬瓜属于葫芦科 1 年生蔓生植物。冬瓜根系发达,吸收力强,茎五棱、中空,蔓生,绿色,有茸毛,茎节上有卷须,叶腋可抽生侧蔓。叶片大,掌状浅裂,有叶柄和茸毛。花为黄色大花,雌雄同株异花,一般早晨开花。果实为扁圆或椭圆形的瓠果,幼嫩果有茸毛,成熟果实绿皮,有蜡粉和茸毛。种子呈乳黄色、椭圆形,千粒重 80～100 克。

2. 对环境条件要求 冬瓜是喜温耐热蔬菜,种子发芽的适温在 30℃ 左右,生长期适温在 22℃～28℃,其中以 25℃ 最好。冬瓜对光照要求不严,但幼苗期处在 16℃ 左右的温度下,11 小时以下日照,则不但开花早,而且开雌花的节位低,一般第五至第六节就有雌花。冬瓜根系发达,吸收力强,所以比较耐旱。同时,因茎叶茂盛,蒸腾力强,因此需水较多。在坐果以后需肥剧增,每生产1 000 千克冬瓜,需氮 3～6 千克、磷 2～3 千克、钾 2～3 千克。冬瓜喜富含有机质的肥沃壤土。

（二）育苗技术

1. 确定播种育苗期 因冬瓜喜温耐热,我国北方露地栽培较晚,在保护地里一般于 4 月份育苗,5 月份定植,在露地直播于 5 月份开始。

2. 选择品种和确定播量 冬瓜的早熟品种有一窝蜂、一串铃、五叶子冬瓜等;晚熟品种有青皮、车头、北京地冬瓜和玉林大石瓜等。目前,在生产中多选用早熟的小冬瓜,如选用一串铃冬瓜等。育苗每 667 米² 播种量在 300 克左右。

3. 种子消毒与催芽 冬瓜种子皮厚,而且有角质层,不易吸水。因而,在催芽前,应在 80℃ 水中搅拌烫种 10 分钟,然后在30℃ 水中浸泡8～10 小时。随后,用清水淘洗干净,放在 25℃～

30℃条件下保湿催芽,每 6 小时用温清水淘洗 1 次。一般经 3～5天即可发芽,当芽长到相当于种子长度一半时,播种最好。

4. 配制床土 选用肥沃的园田土 4 份,腐熟的马粪 3 份,细炉渣或细沙 2 份,腐熟的大粪干粉 1 份,每立方米床土再加复合肥 5 千克,充分进行混合均匀后,装进营养钵或纸袋,摆在苗床里即可。

5. 播种与秧苗管理 适宜在床土 20℃以上、气温 25℃以上时播种。先用温水浇透苗床,再普撒 0.5 厘米厚细土就可播种。每个营养钵或纸袋内播 1 粒发芽种子,再撒细床土 1～2 厘米厚,随后覆盖塑料膜保温保湿。一般 3～5 天即可出苗,出苗后揭开塑料膜,适当降温降湿。控制土温在 18℃左右,控制气温在 23℃～25℃。在长到 1.5～2.5 片真叶开始进行花芽分化期间,应满足低温短日照的条件,以降低第一雌花的节位。尤其是夜间气温应控制在 16℃左右,白天应在 22℃左右,光照时间应在 11 小时以下。花芽分化期以后,转入正常的温湿度管理,并在定植前达到壮秧标准。

6. 冬瓜的壮苗标准 苗龄 35～40 天,株高 15 厘米左右,3～4 片真叶,叶大色浓绿,根系发达,植株无病虫害、无机械损伤。

7. 育苗中注意事项 由于冬瓜秧苗木质化较早,所以苗龄不宜过大,否则缓苗慢,不易生根;苗期不可过度蹲苗,以防出现小老苗;苗期开始就需要较多磷肥,因此要对床土增施磷肥;由于冬瓜耐热耐湿,要求强光照,所以多在春季开始育苗;冬瓜枯萎病较严重,需要进行嫁接育苗,嫁接的砧木用南瓜,嫁接的方法同黄瓜嫁接一样。

(三)定植与田间管理

1. 施肥整地 首先,每 667 米² 施腐熟基肥 10 000 千克左右、过磷酸钙 50 千克左右,普撒后耕翻 30 厘米深,接着平整做畦,畦宽 1.6 米,随后覆膜烤地。

2. 适时定植　当地温达到 18℃，气温达到 25℃，就可移苗定植。每畦 2 行，小行距 70 厘米，株距 50 厘米，按株行距打孔栽苗，然后浇透坐苗水，待水渗下后覆土封埯。也可栽苗后就及时封埯，稍镇压后按畦浇水。一般 3 天即可缓苗，缓苗后中耕松土，促进生根。

3. 田间管理　开花前浇促秧水，并每 667 米² 追施尿素 10 千克（距植株根 15 厘米处刨坑穴施），随后插高架引蔓，或每株支 1 个三角架进行盘蔓（大冬瓜多用此法）。开花结瓜后要压蔓疏蔓，在对大冬瓜盘蔓前先就地用土压蔓，每隔两节压一道蔓，压一圈后再往三角架上引蔓。每株大冬瓜只在主蔓上留两个瓜，一般留第二和第四个瓜，其余摘掉（疏掉）。除了结瓜主蔓旁留一侧蔓外，其余侧蔓全部摘掉。对小型冬瓜，要插高架，不去侧蔓，每株上可有多个果实。

冬瓜植株从开花到结出第一个瓜的初期都不浇水，只有当瓜大于 10 厘米，而且已经坐住时，再开始浇水，并同时追肥。对于不打算留的瓜，应及早采收，以保证留瓜的充足营养。另外，畦内不可积水，防止雨后涝园。

冬瓜在夏季仍可正常生长，为预防日灼病，可用青草将瓜盖上。有的瓜贴地生长，易受虫害或积水烂瓜，可用砖、石、草把将瓜垫起来。为了保花保瓜，还应进行人工授粉。

（四）适时采收

冬瓜由开花到成熟需 40 天左右，小型冬瓜达到商品成熟期就可采收，大型冬瓜必须达到生理成熟期才能收获。收获时，用剪刀从果柄处剪下，一般每 667 米² 产量可达 8 000 千克左右。

（五）病虫害防治

1. 疫病防治　应选用抗病的青皮品种，还要进行 3 年以上菜田轮作;增施磷、钾肥,适当控制氮肥;要及时排水防涝;发病初期可喷施 50％多菌灵可湿性粉剂 800 倍液。

2. 蚜虫防治　可用银灰膜驱蚜,或用黄色机油板诱杀,也可用药剂防治,具体方法参考黄瓜蚜虫防治措施。

(六)冬瓜生产历程

冬瓜生产历程,如表 3-2 所示。

表 3-2　冬瓜生产历程

栽培形式	播种期	定植期	采收期
温室春茬	12 月中下旬	翌年 2 月下旬	4 月下旬至 6 月上旬
春 阳 畦	1 月上中旬	3 月上中旬	5 月上旬至 6 月中旬
春 大 棚	2 月中下旬	3 月下旬至 4 月上旬	5 月中旬至 6 月下旬
早春露地	3 月下旬至 4 月中旬	5 月中下旬	7 月上旬至 8 月下旬
春 露 地	4 月上旬至 5 月上旬	5 月下旬至 6 月上旬	7 月上旬至 8 月下旬
夏 播	5 月上中旬	6 月上中旬	7 月下旬至 9 月中旬

三、苦 瓜

苦瓜,又称凉瓜、癞瓜、锦荔枝。

(一)生物学特性

1. 形态特征　苦瓜属于葫芦科 1 年生攀缘草本植物,具有特殊苦味。苦瓜根系发达,侧根较多;茎蔓绿色,被生茸毛,茎有 5 条纵棱,茎节上多生卷须和侧蔓。初生叶片绿色呈盾形对生,以后出生的真叶为绿色呈掌状深裂,叶片互生,有叶柄。花为钟形雌雄同株异花,黄色并具有长花柄。果实为圆锥形或纺锤形,呈绿白色,果表面有纵棱或有白绿瘤状突起,成熟时果肉开裂,露出橙黄色种子、鲜红色果肉,果肉味甜可生食。种子皮厚而坚硬,种皮有花纹,千粒重 170 克左右。

2. 对环境条件的要求   苦瓜喜温耐热,种子发芽适温 30℃～35℃,幼苗生长适温 24℃左右,开花结果期适温 28℃左右。在气温 15℃以下,则生长缓慢,发芽困难。气温高于 30℃和低于 15℃时,对苦瓜的生长和结果都不利。苦瓜喜湿而不耐涝,生长期需要保持土壤潮湿,空气相对湿度应在 80%～90%。苦瓜属于短日照作物,喜光而不耐阴,开花期需要强光照,光照充足有利于果实发育。苦瓜喜肥耐肥,喜富含有机质的肥沃园田土壤。

(二)品种与类型

一般按果形,苦瓜分为两大类:果形长而大的为大苦瓜,如大白苦瓜、长白苦瓜、广州大顶、青苦瓜等;果实短而粗的为小苦瓜,其果实多为短纺锤形,皮厚、籽多、产量低,不适于栽培。

(三)播种育苗

苦瓜种植多采用直播法,也可育苗定植,一般在 4 月中旬育苗。

苦瓜虽然种皮厚而坚硬,但因其吸水力强,所以可以干种直播,不必进行浸种催芽。也可用 50℃左右的水搅拌浸种 20 分钟,然后在 28℃水中浸泡 3～4 小时,搓洗干净后在 28℃气温条件下保湿催芽。一般 3～5 天即可出芽,然后就可在床土或营养钵内播种(床土配制参考黄瓜的床土配制)。每 667 米^2 用种量 800 克左右。播种后放在 28℃条件下保湿育苗,3 天后即可出苗。出苗后适当降温降湿,把气温调控到 25℃～28℃为宜。一般苗龄 20 天左右,幼苗长出 2～3 片真叶时就可定植。

(四)定植及田间管理

幼苗定植前,先整地施肥,每 667 米^2 施腐熟优质粗肥 8000

千克、尿素 15 千克、复合肥 30 千克,普撒后耕翻做畦(畦宽 1.5米),随后覆地膜绕地 1 周。当地温达到 18℃以上,气温达到 25℃左右时,即可定植(一般在 5 月中旬前后)。按每畦双行定植,行距80 厘米,株距 20 厘米,打孔后栽苗,随后浇水封埯。也可在栽完后随即封埯,并稍加镇压,然后按畦浇水,以水洇湿畦面为宜。栽后还应及时覆膜、扣小拱棚,保持气温在 28℃左右。在土壤湿润的情况下,经 4～6 天即可缓苗。缓苗后,可适当降温至 25℃,并放风降湿。不覆膜的幼苗,可中耕松土,促进生根。

当幼苗长出 5～6 叶时,开始甩蔓,这时可以浇水插高架,然后绑蔓。苦瓜以主蔓结瓜为主,应及时摘掉侧蔓,以发挥主蔓的优势。在开花期,可结合施肥对根部进行培土。当根瓜长到 3 厘米以后,应加强水肥管理,除保持土壤潮湿外,每半月应追 1 次肥水,每 667 米² 施尿素 15 千克。以后每采摘 1 次,就要追 1 次肥水。平时畦内不可积水,夏季热雨过后涝浇园。

(五)适时采收

当苦瓜的果实充分长大,瓜肩瘤状物突起增大,瘤沟变浅,瓜尖干滑,皮层鲜绿或呈乳白色、并有光泽时,即可采收嫩果,根瓜可适当早摘。对于留种的成熟老瓜,也应适时采收,以防雨水过大或曝晒开裂。每 667 米² 产量一般在 1500～2500 千克。

(六)病虫害防治

防治苦瓜炭疽病,应先摘除烂叶和重病叶,然后喷等量式波尔多液,或喷 75%百菌清可湿性粉剂 600 倍液(每 667 米² 用药液 80千克),同时摘除病重的苦瓜。

防治苦瓜食蝇,最好在幼虫还未钻进果里的时候,喷施 20%氰戊菊酯乳油 6000 倍液防治。

四、西葫芦

西葫芦，又称玉瓜、角瓜。

(一)生物学特性

1. 形态特征 西葫芦属于葫芦科1年生草本植物。西葫芦根系发达，主根长，侧根多，吸水吸肥力强。茎蔓生、半蔓生和茎蔓丛生。主蔓易生分枝。叶片大，绿色，互生；叶柄和叶面有刺，叶柄中空易折。花为黄色单性花。果为扁圆形或筒状，皮色绿，有的有黄条，成熟果实皮厚，呈乳黄色。种子呈披针形，乳黄色，千粒重150～200克。

2. 对环境条件的要求 西葫芦为较耐低温、耐旱作物。适应的温度范围为15℃～38℃，生长发育的适宜温度为18℃～25℃；适应土温为12℃～35℃，适宜土温为15℃～25℃。西葫芦较耐旱，生长前期以土壤不干燥为度，果实膨大期需水量较多，要求保持土壤湿润，空气相对湿度保持在45%～55%。西葫芦为短日照作物，在日照7～8小时条件下雌花多，开花结果早。西葫芦吸肥力强，需钾肥较多，施肥时宜将氮、钾、磷、钙、镁肥配合施用。一般每产1000千克西葫芦，需氮肥3.92千克、磷肥2.08千克、钾肥8.08千克。西葫芦既喜水肥，同时又耐瘠薄，适宜在疏松肥沃、保水保肥力强的微酸性土壤上种植，土壤酸碱度以氢离子浓度158.5～3163纳摩/升(pH值5.5～6.8)为宜。

(二)育苗技术

1. 播种育苗期 西葫芦多采用育苗方式栽培。在露地生产，一般在3～4月份育苗，苗期25～30天；在塑料大棚内生产，一般在2～3月份育苗，苗期30～40天。定植的土温必须在12℃以上。

2. 品种选择与播种量 西葫芦的早熟品种有早青一代、一窝猴、阿太一代,特早1号、小白皮和花叶西葫芦等;中熟品种有长蔓西葫芦等。一般于早春季节,在棚室里进行栽培,效益较高。每667米² 播种量 300～500 克。

3. 种子消毒与催芽 选择无杂质、籽粒饱满的种子,放在50℃～55℃的水中,搅拌 15 分钟,然后放在室温水中浸泡 6～8 小时,接着再搓洗干净,并用清水洗净,放到 25℃～30℃ 条件下保温保湿催芽,并每 6 小时用清水淘洗 1 次,经 2～3 天即可发芽。

4. 配制床土 用园田土 6 份和腐熟圈肥 4 份,过筛后均匀混合,再加上按每立方米床土用过筛鸡粪 15 千克和复合肥 5 000克,均匀混合后备用。

5. 播种与苗期管理 将床土装到营养钵内或纸袋里,也可在苗床内将床土平铺 10 厘米厚,再用温水浇透,划好 10 厘米×10厘米的营养土方,然后即可播种。每个营养钵或土方内,平放 1 粒发芽的种子,种芽朝下,然后再盖上 2 厘米厚细土,随即覆盖塑料膜保温保湿。幼苗出土前,保持苗床土温在 15℃～18℃,保持气温在 28℃,一般经 3～5 天即可出苗。出苗后,揭掉塑料膜,降温降湿防徒长,控制气温在 20℃～25℃。如发现戴帽苗,再覆 1 次细土,或用人工摘帽。为防止徒长,夜温可控制在 15℃左右。为促雌花,在 3 叶期可喷 40%乙烯利 2 500 倍液。在定植前,必须达到壮苗标准。在定植前 1 周应锻炼秧苗,即采用逐步降温降湿措施,一般不浇水,降温至 7℃～8℃,这样锻炼的秧苗抗逆性强,定植后缓苗快。

6. 西葫芦壮苗标准 苗龄在 30 天左右,株高 15～20 厘米,茎粗色绿,节间短,叶片大而绿,定植前达 4 叶 1 心,根系发达,吸收根多,无病虫害和机械损伤。

7. 育苗注意事项 西葫芦为喜温蔬菜,在冬春季育苗时,必须采取保温和增温措施。由于西葫芦生长快,要求营养面积较大,因而最好采用营养钵育苗。在高温多湿条件下,易引起徒长,茎细长,节间长,叶薄而淡绿。在低温干旱条件下,易形成僵苗,株矮小,节间短,叶片小而墨绿,植株停长,根系不发达。西葫芦是喜光植物,整个苗期都应有充分光照。如果采用嫁接育苗,其砧木多用黑籽南瓜。

(三)定植与田间管理

西葫芦定植,一般在 4 月下旬至 5 月上旬。如覆地膜,可提前 1 周左右定植;如扣小拱棚,可提前 10 天左右定植。定植时,地温应稳定在 12℃以上。

定植前,要先施肥整地。每 667 米² 施腐熟优质粗肥 7 000 千克以上,还需施尿素 30 千克。普撒肥料后,耕翻 30 厘米,然后做成 1.6 米宽的高畦,畦中间开一水沟,再覆膜烤地。当地温升至 12℃以上时,即可定植。定植方法,采用大畦双行,小行距 60 厘米,株距 60 厘米或打 80 厘米小垄,每垄栽一行株距不变。定植后,覆土稍加镇压,然后按畦浇水,也可进行膜下暗灌。对于不覆地膜的幼苗,也可在定植行两侧开沟浇水,或者栽苗后先按畦浇足坐苗水,待水渗下后再封埯。早春定植,应选无风晴天的中午进行。定植后,应支小拱棚,以保温保湿,促进缓苗。在白天控温 25℃~28℃,夜间控温 18℃左右,保持土壤潮湿,经 4~6 天即可缓苗。缓苗后,应降温降湿,通小风,调控气温白天在 20℃~25℃,夜间在 15℃左右。如果不覆地膜,还应中耕松土,促进生长。为促进茎叶生长,缓苗后应穴施追肥,距根部 15 厘米处开沟施尿素(每 667 米² 施用 15 千克),随后覆土浇水。

西葫芦一般在主蔓 7~8 节开第一雌花,以后隔 2~3 节开一雌花。可在早晨 6~7 时进行人工授粉,而且在露水未干时授粉坐果率高。

对于蔓生或半蔓生品种,在甩蔓时应进行吊蔓,露地栽培可以用土压蔓,每隔3～4节用土堆压一道蔓。同时,摘掉老叶、卷须,并进行侧枝打尖。当主蔓老化时,要留2个粗壮侧枝,待侧枝出现雌花后,再剪掉主蔓。

在西葫芦的水肥管理方面,一般在根瓜长到5～6厘米时,开始浇水追肥。每667米^{2}随水施尿素15千克,此后应一直保持土壤湿润。一般每次采收以后,都应进行追肥浇水。

(四)适时采收

西葫芦定植后20天左右,根瓜就可坐住,再过10多天根瓜可长到15厘米左右,这时即可采收。为了使其他瓜能正常生长而不化瓜,根瓜应该适当早收。其他瓜一般长到20厘米左右才适于采摘。但也不可采收太晚,否则不但瓜皮老化,而且也易引起茎蔓早衰。

西葫芦的采摘方法,可以用剪刀将瓜从柄处剪割下来,也可左手把住瓜柄,用右手将瓜扭下来。采收时,要注意不可伤及茎叶和根系。采收应在无露水的条件下进行。采摘的西葫芦,可在5℃～10℃的条件下,保鲜10天左右。

(五)西葫芦生产历程

西葫芦的生产历程,如表3-3所示。

表3-3 西葫芦生产历程

栽培形式	播种期	定植期	采收期
温室冬茬	9月下旬至10月上旬	11月上旬	翌年1月上旬至2月中旬
春 大 棚	2月下旬至3月上旬	4月上旬至4月下旬	5月上旬至6月下旬
春中小棚	3月上中旬	4月中旬至5月上旬	6月上旬至7月上旬
春 地 膜	3月中旬至4月上旬	5月中下旬	6月下旬至7月中旬
春 露 地	4月中下旬	5月下旬至6月上旬	7月上旬至7月下旬

(六)病虫害防治

1. 西葫芦灰霉病

(1)发病条件 西葫芦灰霉病为真菌性病害。病菌在土壤中越冬,通过茎、叶、花、果的表皮直接侵入植株,借助风雨、育苗及田间作业进行传播。在气温16℃～21℃、空气相对湿度90％以上时易发病。

(2)主要症状 西葫芦灰霉病可危害叶、茎、花、果各个部位。受害部位呈水浸状软腐,萎缩,表面生有灰霉或灰绿霉层,有时还可出现黑色菌核。

(3)防治措施 加强田间管理,预防低温高湿;保护地可用10％腐霉利烟剂或45％百菌清烟剂熏治,每667米² 用药250克;喷施5％百菌清粉尘,每667米² 用药1000克;用50％腐霉利可湿性粉剂或50％异菌脲可湿性粉剂1000倍液喷雾。

2. 西葫芦菌核病

(1)发病条件 西葫芦菌核病为真菌性病害。菌核在土壤中或混杂在种子内越冬,通过残败花瓣的表皮或伤口侵入植株,借助于气流、育苗或田间作业进行传播。当气温在15℃～20℃、空气相对湿度在85％以上时易发病。

(2)主要症状 西葫芦菌核病主要危害茎蔓和果实。茎蔓染病后呈褐色水浸状斑块,逐渐长出白色菌丝和黑色菌核,病部以上的茎叶受其影响而萎蔫枯死。病果在花蒂部位呈现水浸状腐烂,并长出白色菌丝和黑色菌核。

(3)防治措施 实行菜田轮作;菜田耕翻20厘米,深埋菌核;精选种子,淘汰菌核;进行土壤消毒;加强田间管理,预防低温高湿;保护地用10％腐霉利烟剂或45％百菌清烟剂熏治,每667米² 用量250克;喷施50％腐霉利可湿性粉剂1500倍液,或50％多菌灵可湿性粉剂500倍液,也可喷施40％菌核净可湿性粉剂1500倍液。

3. 西葫芦白粉病

（1）发病条件　西葫芦白粉病为真菌性病害。病菌在月季花或病残体上越冬，通过叶片表皮侵入植株，借助气流或雨水进行传播。在高温干旱或高温高湿条件下都易发病。

（2）主要症状　西葫芦白粉病危害叶片、叶柄和茎。病叶上有圆形小粉斑，逐渐连片布满全叶，以后粉斑老化呈灰色，并出现黑褐色小粒点。叶柄和茎染病后也产生白色圆粉斑，并不断扩展连片，后期变成灰色斑，散生小黑点。

（3）防治措施　选用抗病品种；加强田间管理；预防高温干旱或高温高湿；喷施 20％三唑酮乳油 2 000 倍液，或者喷施 2％嘧啶核苷类抗菌素水剂 200 倍液。

4. 西葫芦绵腐病

（1）发病条件　西葫芦绵腐病属真菌性病害。病菌在土壤中或病残体上越冬，通过茎、叶和果实表皮侵入植株，借助雨水、灌溉或育苗等进行传播。在土温低、湿度大的条件下最易发病。

（2）主要症状　西葫芦绵腐病危害叶、茎和果实。病叶和茎有圆形水浸状暗绿斑，潮湿时呈软腐状。病果有椭圆形暗绿色水浸斑，干燥时病斑变褐凹陷并有腐烂现象，并生有白霉；潮湿时整个果实呈现褐色腐烂，表面布满白霉。

（3）防治措施　土壤灭菌；采取垄作或高畦栽培；加强田间管理，预防低温高湿；喷施 50％琥胶肥酸铜可湿性粉剂 500 倍液，每 667 米^2 用药液 50 千克。

5. 西葫芦蚜虫

西葫芦的主要害虫是蚜虫，对蚜虫的防治可以参考黄瓜栽培中对蚜虫的防治方法。

五、佛手瓜

佛手瓜，又称万年瓜、拳头瓜，其嫩梢称为龙须菜。

（一）生物学特性

佛手瓜是葫芦科佛手瓜属中多年生攀缘性草本植物，多作 1 年生栽培，佛手瓜的嫩梢称为龙须菜。

佛手瓜的根系发达，能形成多个块根；茎圆柱形，有纵沟，蔓生有节，近节处有茸毛，分枝力强，有卷须；叶片为浓绿色掌状，叶有茸毛；花序着生于节腋处，雌雄同株，雄花为总状花序，雌花为单性花，花淡黄色，密生茸毛；果实为梨形果状，有 5 条长纵沟似握起的拳头，果皮为白色或绿色，果肉有香味，单果重 50～500 克；种子粒大、扁平、卵形，一个果实内只含一粒种子，必须在原果实内保存，离开果肉很难发芽。

佛手瓜对环境条件要求较严。它属于耐高温的蔬菜，气温在 20℃以上才能正常生长，地温在 5℃以下则受冻害死亡，最低气温 10℃才能萌动；它较耐阴喜湿，土壤必须保持潮湿；它对光照要求不严，在弱光下也能正常生长；它适于在土质肥沃的保水保肥土壤里栽培。

（二）品种类型

绿色瓜皮品种：绿色瓜皮品种生长势强，蔓长可达 15～20 米，分枝多，新梢多而且鲜嫩，其中无刺的品系最好。

白色瓜皮品种：瓜皮和肉均为白色，果实较小，有淡腥味，可供生食，产量较低。

（三）育苗与定植

1. 栽培方式 佛手瓜栽培如果以采果为目的，则要采用搭棚架的方式栽培；如果以采摘嫩梢（龙须菜）为主，则可匍地栽培。

2. 选种催芽 佛手瓜一般用种子繁殖，也可用枝条扦插或压条法繁殖。种子繁殖，在 25℃温度下催芽。具体方法是：选瓜重

200～300 克、瓜龄在 25 天以上、无损伤的瓜作种瓜,先用 200 倍液多菌灵冲洗种瓜表皮,然后装在袋里放到 20℃条件下保湿催芽,一般经 15～20 天,种瓜裂口生根发芽,这时就可移栽育苗或直接定植。

3. 育苗定植　若采取种子繁殖法,在种子催芽后,可以在 25℃条件下栽植。首先,施肥整地,每 667 米^2 施优质腐熟粗肥 1 万千克,然后做成 1 米宽的大垄,也可按 1 米的行距挖宽、深各 80 厘米的大埯,施足优质粗肥,按 1 米的株距,将种瓜的瓜蒂端朝上(也即种瓜出芽的一端朝下),将果实的 2/3 埋在穴内,接着浇水培土即可。为了保湿保温,可覆盖塑料薄膜,并注意防止膜或膜上的水滴接触种瓜,否则易烂瓜。一般 5～8 天即可出苗。如果育苗,则按株行距 20 厘米栽植种瓜,当长出幼苗后,再按一定株行距定植,定植时可一锹一株带土坨移栽。

若采用插条法育苗,可在生长旺盛的植株上,选用 15 厘米长的老茎,用生根粉蘸根后,按照 15 厘米的株距、30°角斜插,在地表上留 1～2 个腋芽。在 25℃气温下,保持土壤潮湿,经 7～10 天即可生根出芽,待长成幼苗时即可移栽。

采用压条法育苗,可在生长旺盛的植株上,选 1～3 枝粗壮的蔓压到地表,每隔 4～5 节压一把土,土埋 2 节,露出 2～3 节,并注意压条的顶芽不可埋土,以保证枝条正常生长。这样,在保温保湿的情况下,一般经 7～10 天即可生根。这时可用剪刀在培土的后方位置剪断,使其脱离母体,成为独立的幼小植体,再培养 1 周左右就可作为幼苗进行移栽。

(四)田间管理

佛手瓜甩蔓期要搭棚架。当主蔓长到 30 厘米时摘心,留两个子蔓;当子蔓长到 150 厘米时摘心,留 3 条孙蔓,同时引蔓上架。一般播种后 80 天进入开花期,花后 20 天即可采收嫩果,花后 50

天左右可采收成熟果实。如果以采收嫩梢为目的,则不需要搭架,只需在苗高 30 厘米时摘心,促侧蔓生长;当侧蔓长到 30 厘米时再摘心,促孙蔓生长。如此循环下去,不断刺激腋芽萌发。同时,必须满足水肥需要。对于枝条过多,有郁闭现象的要疏枝,被疏的枝条应从基部摘除。

佛手瓜属于多年生草本植物,在南方可以露地越冬,北方则需覆盖越冬。当气温低于 10℃时,修剪地上枝蔓,每株留粗壮枝蔓 5～8 根,每枝留 5 节左右。当气温降至 5℃时,浇足封冻水肥,以后随着气温下降覆盖腐熟粗粪或杂草,维持地温在 5℃左右。当春季地温升至 5℃以上时,随着气温上升逐渐撤掉覆盖物。当地温稳定在 10℃以上时,彻底清除覆盖物,浇返青水肥,然后恢复正常田间管理。

(五)适时采收

在花后 20 天左右就可采收果实,留种的瓜可以在花后 40 天左右采收。宿根的佛手瓜,第一、第二年产量较低,第三、第四年为产量高峰期,每株最多可采收 2000 多个果实。采摘的果实需贮藏在 10℃～15℃的环境中。如采收嫩梢,可将嫩梢在 15～20 厘米处摘下。同时,要对过密的枝条进行疏枝,可从枝条基部摘下,然后扎捆上市。

(六)病虫害防治

在早春要防低温冻害。坐瓜期要预防霜霉病和蚜虫,其防治方法可参考黄瓜栽培中的病虫害防治。

六、番　茄

番茄又名西红柿、洋柿子。

(一)生物学特性

1. 形态特征 番茄属于茄科 1 年生或多年生草本植物。植株高 0.6～2 米。全株被黏质腺毛。茎为半直立性或半蔓性,分枝能力强,茎节上易生不定根,茎易倒伏,触地则生根,所以番茄扦插繁殖较易成活。奇数羽状复叶或羽状深裂,互生;叶长 10～40 厘米;小叶极不规则,大小不等,常 5～9 枚,卵形或长圆形,长 5～7 厘米,先端渐尖,边缘有不规则锯齿或裂片,基部歪斜,有小柄。花为两性花,黄色,自花授粉,复总状花序。花 3 朵,成侧生的聚伞花序;花萼 5～7 裂,裂片披针形至线形,果时宿存;花冠黄色,辐射状,5～7 裂,直径约 2 厘米;雄蕊 5～7 根,着生于筒部,花丝短,花药半聚合状,或呈一锥体绕于雌蕊;子房 2 室至多室,柱头头状。果实为浆果,扁球状或近球状,肉质而多汁,橘黄色或鲜红色,光滑。种子扁平、肾形,灰黄色,千粒重 3～3.3 克,寿命 3～4 年。花、果期夏秋季。根系发达,再生能力强,但大多根群分布在30～50 厘米的土层中。

2. 对环境条件的要求

(1)温度条件 番茄属于喜温喜光喜肥植物。适应的气温范围为 8℃～35℃,适宜的气温范围为白天 20℃～25℃,夜间15℃～18℃,低于 8℃植株停止生长,高于 35℃植株生长不良。不同生长发育阶段对温度的要求不同,发芽期和开花期对温度的要求偏高,以 20℃～30℃为宜;适应的土温为 10℃～25℃。

(2)水分条件 番茄需水量大,植株的 90％以上,果实的 94％～95％是水分。但由于番茄根系强大,吸水力强,叶片呈深裂花叶,表面上又有茸毛,能减少水分蒸发,因此番茄属半耐旱性作物。它对水分条件的要求是:空气相对湿度为 45％～50％,盛果期土壤湿度为田间最大持水量的 60％～80％。

(3)光照条件 番茄为喜光植物,整个生长发育过程都需要较强的光照。番茄的光饱和点为 7 万～7.5 万勒,光补偿点为 0.4 万勒。属于短日照作物,在短日照条件下可提前现蕾开花。

(4)土壤和营养 它对营养条件的要求是:需要氮、磷、钾、钙等营养元素,每生产 1 000 千克番茄,需要吸收氮 2 千克、磷 1 千克、钾 6.6 千克。番茄对土壤要求不严,以土层深厚、透水透气、富含有机质的沙壤、黏壤土为好,土壤的酸碱度以氢离子浓度 100～1 000 纳摩/升(pH 值 6～7)为宜。

(二)育苗技术

1. 播种育苗期 因栽培季节、栽培方式、育苗手段、苗龄及品种的不同,播种期也有所不同。番茄从播种出芽到现大花蕾的过程,需要 1 000℃～1 200℃的积温。在温室条件下生产,秋冬茬番茄最早播种育苗期为 7～8 月份,一般苗龄 30～45 天;冬春茬番茄,一般在 12 月中旬或翌年 1 月上旬育苗,苗龄 60～80 天。在春棚条件下生产,一般在 1 月份于温室里育苗,苗龄 70～80 天。在露地条件下生产,一般在 2 月份育苗,5 月份露地定植。在露地夏茬生产,一般在 4 月份育苗,5 月份定植。在育苗中,夏秋两季育苗可采用直播法,而其他时间生产必须事先育苗。在气温较高期间,或不打算分苗的情况下,苗龄一般 30～40 天。在气温低和分苗的情况下,不但要采取加温保温措施,而且苗龄长达 60～80 天。因此,冬春育苗,应在预计定植期前的 2 个月播种育苗,夏秋育苗则在预计定植期前的 1 个月播种即可。

2. 品种和播种量

(1)番茄的部分优良品种

①L-402 辽宁省农业科学院蔬菜所选配的一代杂种。无限生长类型,植株生长势中等,叶色深绿,第一花序着生于第八节位。成熟集中,前期产量高。果实扁圆形,成熟果粉红色,单果重200～250 克。耐低温弱光。中晚熟。抗病毒病。适合于山东、北京、天

津、河北、安徽及东北地区保护地和露地栽培。

②中杂9号 中国农业科学院蔬菜花卉研究所选育的保护地与露地兼用一代杂种。植株无限生长类型。果实圆形,粉红色,单果重180～200克。商品果率高,品质优良。抗烟草花叶病毒病,抗叶霉病,高抗枯萎病,适应性强。适合日光温室和塑料大棚栽培,也可露地栽培。

③中蔬6号 中国农业科学院蔬菜花卉研究所选育的一代杂种。无限生长类型。株型紧凑,节间短,叶较宽,叶色深绿。果实红色,圆形,平均单果重180克。中早熟品种。较抗病。适于华北地区露地或保护地栽培。

④双抗2号 北京市农林科学院蔬菜研究中心所选配的一代杂种。无限生长类型。第一花序着生于第九节位。果形稍扁圆,成熟果粉红色,单果重150～250克。中熟品种。对叶霉病和霜霉病抗性较强。适合于北京、河北地区保护地栽培。

冬春生产的番茄,应选用中早熟、耐低温、品质优良的品种,如沈粉1号、佳粉2号、L-402、良丰3号、双抗2号等。夏秋生产的番茄,则应选用耐热、抗病、品质好的中晚熟品种,如毛粉802、巨丰、中杂9、佳粉15、强丰和中蔬6号等。

(2)播种量的确定 番茄种子的千粒重为3克左右,每克种子粒数为330粒左右,因品种和种子的饱满程度不同而有所不同。实际播种中,要考虑到病苗、弱苗、杂株及其他损伤而造成的缺苗,需要一定富余的播种量,每667米^{2}播种量为40克左右。

3. 种子消毒与催芽 播种前要进行种子消毒和浸种催芽。

(1)种子的消毒处理 番茄的多种病害都可以通过种子传播,因此种子消毒对防治病害有重要作用。种子的消毒方法又分为温汤浸种和药物浸种。

①温汤浸种 将选好的种子,在30℃左右清水中浸泡15～30分钟,然后再放到55℃～60℃热水中不停地搅拌15分钟。种子

在热水中处理完后,放入冷水中散去余热,然后浸种,再进行催芽。温汤浸种对番茄溃疡病、叶霉病、斑枯病、早疫病、青枯病有一定的防治效果。

②磷酸三钠浸种　将种子在清水中浸泡 3～4 小时,然后放在 10% 磷酸三钠液中浸泡 20 分钟左右,随后取出种子,用清水淘洗干净。然后催芽。这种方法可以用来防治烟草花叶病毒病。

③高锰酸钾浸种　将种子用 40℃ 左右温水浸泡 3～4 小时,然后放入 1% 高锰酸钾溶液中浸泡 10～15 分钟,捞出用清水冲洗干净后催芽。这种方法可以防治番茄溃疡病及花叶病毒病。

(2)催芽　将经过消毒的种子,放在与种子等量的干细沙中,将种子与细沙均匀混合,用温水浸湿,再用湿布包好,放在底部悬空、并用木棍垫起来的瓦盆里,送进恒温箱或温室内进行催芽。在催芽中,要保证细沙和种子潮湿,但又不能有积水,温度控制在 28℃～30℃,当种子露白后则逐渐降温至 25℃。

如果在露地直播育苗,可在浸种后直接播种在床土湿润的苗床上,播后覆土,上面再盖地膜,保持气温在 25℃～30℃,待苗出土时揭去地膜。一般在夏、秋季育苗,可用此法。

4. 配置床土与消毒　每 667 米² 生产田,需 0.5 米² 的籽苗床。幼苗床一般为 12 米²,成苗床一般为 50 米²。番茄苗期较长,所以床土的配制必须满足秧苗生长所需要的营养。一般苗床可用 50% 园田土和 50% 腐熟马粪,每立方米床土中再加入 500 克硝酸铵、400 克过磷酸钙、1 000 克优质钾肥,然后将各种配料捣碎过筛,混合均匀,配制成床土,并按 5 厘米的厚度,平铺在播种床里。在寒冷季节,床土下应铺电热线(每平方米 80 瓦)。为了对床土消毒,在每平方米床土上,可用 70% 多菌灵可湿性粉剂 5 克或 70% 甲基硫菌灵粉剂 5 克,再加入 1 000 克细干土拌均匀制成药土,在播种前用 2/3 药土铺底,播种后再用 1/3 药土覆盖种子即可。

对于需分苗床的床土,必须保证有更充足的营养,可用 40%

园田土、50%腐熟马粪、10%腐熟粪干粉，每立方米床土中再加入5千克过磷酸钙和2千克硫酸铵。然后将各种配料捣碎后过筛，均匀混合，配制成床土，对床土进行消毒，可用65%代森锌粉剂60克与1米³床土均匀混合，然后用塑料膜密封3天，再揭膜晾晒3天，待床土没有药味后即可移苗。需分苗的床土，要在苗床上平铺10厘米厚，在寒冷季节床土下要铺电热线（每平方米80瓦）。

　　如果用营养钵育苗，可将床土装到营养钵内。一般只装9分满，待浇透水后，营养钵内有8厘米厚的床土，移苗覆土后，床土的总厚度9厘米左右即可。

　　5. 播种与籽苗管理　播种前用30℃的温水浇透床土，待水渗下后播种；也可提前3～5天浇透床土，覆盖塑料薄膜烤床土，待床土稳定在15℃以上进行播种。在播种时，先撒2/3药土，然后按种距1厘米×1厘米左右进行播种，播后再撒1/3的药土覆盖，随即可盖塑料薄膜保温保湿，也可通过电热线控制温度，在保持床土温度15℃～20℃的条件下，一般3～5天即可出苗。出苗后，即可揭去塑料薄膜，供给充足光照，白天保持气温在25℃，夜间控温在15℃左右，床土温度要保持在15℃～20℃，当播后20天左右，长到2～3叶时为花芽分化期。为促使早开花和降低开花节位，应提供低温（15℃～18℃）和短日照条件，而且在这个时期不要移苗。

　　6. 幼苗期与成长期管理　幼苗期与成长期管理的主要差别是营养面积不同，幼苗期营养面积每株为5厘米×6厘米，成苗期营养面积为8厘米×10厘米，在移苗至缓苗期，都必须保温保湿促缓苗，缓苗后则要控温降湿促生根，经过逐渐降温锻炼，番茄的秧苗可变成紫绿色，而且有弹性，如发现叶面呈黄绿色，出现脱肥现象，可在晴天喷0.2%尿素或喷磷酸二氢钾，在定植前，必须达到壮苗标准。

　　7. 番茄壮苗标准　壮苗是指生长健壮、无病害、生活力强、能适应定植以后栽培环境条件的优质丰产苗。一般冬季育苗70天，夏、秋季育苗 30 天左右，春季 40～50 天苗龄；壮苗株高15～20 厘米，下胚轴 2～3 厘米长；茎粗一般在 0.5～0.8 厘米，节间短，呈紫绿色，叶片 7～9 片，叶色深绿带紫，叶片肥厚；第一花穗已现大蕾；根系发达，吸收根多，植株无病虫害，无机械损伤。

8. 育苗过程中的异常现象

(1)高温高湿引起的异常现象　易徒长，子叶细小而长，胚轴长超过 4 厘米，叶色淡绿，叶片薄。

(2)低温干旱引起的异常现象　易老化，叶片小，叶色墨绿，节间短，植株矮小，根系不发达。

(3)缺钙症状　新叶叶缘老化并不断扩大，最后叶缘变褐坏死，而下部叶仍绿。

防止秧苗徒长的措施，主要是增强光照和降低温度，并适当控制水分，因此必须蹲苗或炼苗。采用营养钵或营养土块育苗，其炼苗方法与黄瓜栽培相似，具体做法是：将营养钵或营养土块平摆开，往其缝隙中填细干土，同时控水，并适当降温，即可达到蹲苗、炼苗的效果。为了减少占地，也可将营养钵或营养土块叠垒起来，适当控水降温，同样起到蹲苗、炼苗的效果。有时虽然已育好秧苗，但因腾茬困难，不能及时定植，也可采取这些方法囤苗。

(三)适时定植

1. 定植期　春季在露地定植，应在终霜期过后，如用地膜覆盖，可提前 1 周，夏季应在花芽分化后的 4 叶期进行小苗定植，或采取不育苗的直播方法。冬季在保护地生产，应选择地温稳定在 15℃以上，气温在 20℃左右的晴天中午定植。在夏季生产，则应选在阴天或晴天的下午 3 时以后定植，这样有利于缓苗。

2. 定植前整地　番茄要求土壤疏松肥沃，适宜于保水保肥的中性偏酸土壤(氢离子浓度 100～1 000 纳摩/升，即 pH 值 6～7)，其氮、磷、钾含量比一般为 2：1：6。因此，要选择有效期长的农家肥作基肥,每 667 米² 施腐熟的圈肥 5 000 千克,过磷酸钙 50 千克,要深翻地 30 厘米。然后做成大垄,垄距 120 厘米,垄高 20 厘米,垄顶宽 80 厘米。垄中间留水沟,覆地膜后,烤地 1 周即可。

3. 定植方法 按大垄、双行、内紧外松的方法定植,双行的小行距为 50 厘米,株距为 35 厘米,定点打孔。然后定植带有壮秧的土坨,接着浇温水,以洇透土坨为宜,最后用土封埯,也可栽后就封埯,再顺着膜下的垄沟(小沟)浇水,以水洇透垄台为宜,定植密度每 667 米² 在 3 500 株左右,并实行单干整枝。

(四)缓苗前后的管理

缓苗前要保温少通风,白天控温在 25℃～30℃,夜间保持 15℃～20℃。在露地定植,如遇晚霜,可在早晨 5～6 时用柴草熏烟防霜,定植后 5～7 天,心叶开始生长,新根出现,则证明已经缓苗。这时,要降温降湿进行蹲苗,白天控温在 20℃～25℃,夜间保持在 10℃～15℃。另外,要采用通风、控水、中耕等措施降温,以利于蹲苗。一般蹲苗半个月左右,蹲苗后则根系发达,茎粗叶厚,颜色墨绿,而且蓓蕾肥大。

(五)蹲苗后的管理与采收

1. 支架绑蔓 支架和绑蔓可以使叶片分布空间加大,避免遮荫,增加光合作用,改善通风条件,减少病害发生,同时利于田间操作。因此,番茄蹲苗后,首先要插架绑蔓。露地插人字架。每株两根架条,保护地可垂直插单架,每株一根架条,一般架条高 1.1 米,如果用人架则架高 1.6 米,距番茄根 10 厘米处把架条插入地下 10 厘米,插架绑架后,再将番茄植株绑到架上,一般每两串花序绑一道蔓。

2. 整枝打杈、蘸花保果 在绑蔓的同时进行整枝打杈,实行单干整枝,及时去掉所有侧枝侧芽,或在侧枝留 2 片叶打尖,第一串花序留 4 个花,或在第一串花序留 4 个花(第一花序的第一朵为畸形,不结果,俗称鬼花,应予摘掉),在第二花序留 3～4 个花,在第三花序留 3～2 个花,在第四花序留 2 个花,在第四串果以上,留 2～3 片叶后打尖。这样管理,将来留几个花就坐几个果,而且植株上下的果实大小相似,为了达到保花保果的目的,在开花期可用浓度为 20～30 毫克/千克防落素蘸花,或用番茄丰产剂 2 号 5 毫升对水 0.75 升蘸花。蘸花时注意不可重复,以免引起药害。

3. 加强水肥管理 在蹲苗后第一穗果长到直径 3 厘米左右时,开始浇水追肥。这是营养生长与生殖生长同时进行的时期,必须加强水肥管理。在浇水同时,每 667 米² 追施尿素 15 千克,或追施人粪尿 1 500 千克。2 周后再随浇水追尿素 15 千克。总之,这个时期必须保持土壤湿润,肥足水勤。在夏季露地栽培,要防强光照(在高温来临时,枝叶达到封垄水平即可),防高温,可支遮阳网,或在下午 4 时以后浇水降温。尤其要注意防涝,在热雨过后还要涝浇园,以降低土温,确保根系正常的生理活动。

4. 适时采收 适时采收的标准是:果实充分膨大,果皮由绿变黄或红。要选择无露水时采收,如果采收过早,青皮番茄食用对人体有害,必须催熟后才能食用。在气温超过 28℃ 时,果皮则不转色,因此番茄采收期应控制气温低于 28℃。如果采收过晚,易受虫害和鸟害,还会出现落果现象,影响产量和质量。

(六)番茄生产历程

番茄生产历程,如表 3-4 所示。

表 3-4 番茄生产历程

栽培形式	播种期	定植期	采收期
温室秋冬茬	7 月下旬至 8 月上旬	8 月下旬至 9 月上旬	11 月下旬至翌年 2 月下旬
温室冬春茬	12 月上旬至翌年 1 月上旬	2 月中旬至 3 月上旬	4 月下旬至 6 月中旬
阳畦春茬	12 月上旬至 12 月下旬	翌年 2 月下旬至 3 月上旬	5 月上旬至 6 月上旬

续表 3-4

栽培形式	播种期	定植期	采收期
春大棚	1月上旬至1月下旬	3月下旬至4月中旬	6月上旬至7月下旬
早春地膜	2月下旬至3月上旬	4月下旬至5月上旬	6月上旬至7月中旬
夏遮阳棚	3月中旬至4月上旬	5月上中旬	6月中旬至9月下旬
秋大棚	7月上中旬	8月上直播(小苗定植)	10月中旬至11月中旬

(七)病虫害防治

1. 番茄裂果病

(1)发病条件　易发生在果实转色期。

(2)主要症状　分为 3 种,一是放射状裂果,以果蒂为中心呈放射状,一般裂口较深;二是环状裂果,呈环状浅裂;三是条状裂果,即在果顶部位呈不规则的条状裂口。裂果发生以后,果实品质下降,病菌易侵入,以致腐烂。

(3)防治措施　选择抗裂品种,一般选择果皮厚的中小型品种;防止土壤过干或过湿,保持土壤相对湿度在 80% 左右;增施有机肥和质量好的生物肥,改善土壤结构,为根系生长提供良好的环境;正确施用植物生长调节剂,在使用植物生长调节剂喷花时,浓度不宜过大,要针对品种、温度合理确定使用浓度;整枝打杈要适度,保持植株有茂盛的叶片,加强植株体内多余水分的蒸腾,避免养分集中供应果实造成裂果。

裂果发生后也可喷 0.2% 氯化钙或喷 0.1% 硫酸锌溶液,以缓解症状。

2. 番茄畸形果

(1)主要症状　番茄花器和果室不能充分发育,出现尖顶、畸形;或心皮数目增多,从而形成多心室。

(2)防治措施 选用不易产生畸形果的品种,发生畸形果后要及时摘除;做好光温调控,培育抗逆力强的壮苗;加强肥水管理,防止植株徒长,避免偏施氮肥,防止分化出多心皮及形成带状扁形花;合理使用植物生长调节剂。

3. 番茄脐腐病(又称蒂腐病、顶腐病、黑膏药病)

(1)主要症状 果脐部有水浸斑,后期变褐凹陷,有的是果肉或筋变黑褐色,潮湿时有黑色雾状物。

(2)防治措施 浇足定植水,保证花期及结果初期有足够的水分供应。在果实膨大后,应注意适当给水;选用抗病品种。番茄果皮光滑、果实较尖的品种较抗病,在易发生脐腐病的地区可选用;土壤中多施钙肥、硼肥;发病初期喷 0.1% 过磷酸钙或 0.1% 氯化钙,以缓解症状。

4. 生理性卷叶

(1)发病条件 多发生在番茄生育中后期。

(2)主要症状 顶部叶片或底部叶片或全株叶片卷曲。果实暴露于阳光下,影响果实膨大,甚至出现日灼病。

(3)防治措施 加强土壤水分管理,防止出现土壤过干过湿;采用配方施肥法做到供肥适时适量,也可喷洒富尔 655 高效液肥 300 倍液,以确保土壤水肥充足。加强通风管理,控制高温出现;协调植株的生长状态,避免打杈过重;选择抗性品种;及时防治蚜虫。

5. 番茄早疫病(又称轮纹病或夏疫病)

(1)发病条件 早疫病为真菌性病害,病菌在种子上或残体上越冬,通过植株的表皮或气孔侵入植株,借助气流、雨水和引种移苗进行传播,当气温在 25℃ 左右、空气相对湿度在 70% 以上时,易流行早疫病。

(2)主要症状 早疫病可危害叶、茎、花和果实,病叶有黄色晕环状的同心轮纹斑,病斑受叶脉限制呈多角形,表面生有毛状物,病茎在分枝处产生黑褐色椭圆斑,有黑霉,花萼染病后呈椭圆形凹陷黑斑。

果实的病斑呈椭圆形,有同心轮纹的黑色硬斑,后期果实开裂。

（3）防治措施 一是保护地番茄重点抓生态防治。由于早春定植时昼夜温差大,白天 20℃ ～ 25℃,夜间 12 ℃～15℃,空气相对湿度高达 80% 以上易结露,利于此病的发生和蔓延。应重点调整好棚内温湿度,尤其是定植初期,闷棚时间不宜过长,防止棚内湿度过大温度过高,做到水、火、风有机配合,减缓该病发生蔓延。二是于发病初期喷撒 5% 百菌清粉尘剂,每 667 米² 每次 1 千克,隔 9 天 1 次,连续防治 3～4 次。也可施用 45% 百菌清烟剂或 10% 腐霉利烟剂,每 667 米² 每次 200 ～ 250 克。三是发病前或进入雨季后开始喷洒 3% 多抗霉素水剂 600 ～ 900 倍液,或 86.2% 氧化亚铜可湿性粉剂 1 000 倍液,或 80% 代森锰锌可湿性粉剂 600 倍液,或 50% 异菌脲可湿性粉剂 1 000 倍液,或 75% 百菌清可湿性粉剂 600 倍液,或 70% 丙森锌可湿性粉剂 600 倍液,或 65% 多果定可湿性粉剂 1 000 倍液,或 70% 百菌清·锰锌可湿性粉剂 600 倍液。四是种植耐病品种。五是与非茄科蔬菜实行 3 年以上轮作。六是加强田间管理,合理密植,及时整枝打杈。

6. 番茄晚疫病（又称疫病）

（1）发病条件 晚疫病属于真菌性病害,病菌在病残体上或马铃薯上越冬,通过叶的表皮或气孔侵入植株,借助风雨或引种进行传播。当气温在 15℃ 左右、空气相对湿度在 85% 以上时,易发病。

（2）主要症状 晚疫病危害叶、茎和青果。病叶的叶尖或叶缘呈水浸状暗绿斑,潮湿时叶背有白霉。病茎有黑褐色腐烂斑。病果有水浸状暗褐色凹陷斑,潮湿时有白霉。

（3）防治措施 一是保护地番茄从苗期开始,严格控制生态条件,防止棚室高湿条件出现。二是种植抗病品种。如中杂 7 号、晋番茄 1 号、渝红 2 号、中蔬 4 号、佳红、中杂 4 号等。三是与非茄科作物实行 3 年以上轮作,合理密植,采用配方施肥技术。四是加强田间管理,及时打杈。五是药剂防治。发病初期喷洒 0.5% OS-

施特灵(有效成分为氨基寡聚糖)水剂 300～500 倍液,或 52.5%
噁酮·霜脲氰水分散粒剂 1 500 倍液,或 10%氰霜唑悬浮剂 50～
100 毫克/升,或 72%霜脲·锰锌粉剂 500～600 倍液,或 70%丙
森锌可湿性粉剂 700 倍液,每 667 米² 用对好的药液 50～60 升,连
续防治 2～3 次。也可用 50%多菌灵磺酸盐可湿性粉剂 800 倍液,
或 12%松脂酸铜乳油 600 倍液灌根,每株灌对好的药液 0.3 升,
隔 10 天左右 1 次,连续灌注 3 次。

7. 番茄叶霉病

(1)发病条件 叶霉病为真菌病害,病菌在病残体或种子上越
冬,通过叶片表皮侵入植株,借助引种育苗进行传播,当气温在
20℃左右,空气相对湿度在 90%以上时,易发生叶霉病。

(2)主要症状 叶霉病可危害叶、茎、花、果,病叶有椭圆形浅
黄色斑,叶背有白霉,继续发展叶两面有黑霉,叶片卷曲并呈黄褐
色干枯,病茎有梭形黄褐斑,有黑霉,病花有淡黄病斑,并有黑霉,
病果表面有黑色圆形凹陷硬斑。

(3)防治措施 一是选用抗病品种。二是播前种子用 53℃温
水浸种 30 分钟,晾干播种。三是发病严重的地区,应实行 3 年以
上轮作,以减少初侵染源。四是采用生态防治法。加强棚内温湿
度管理,适时通风,适当控制浇水,水后及时排湿,使其形成不利病
害发生的温湿条件;适当密植,及时整枝打杈,按配方施肥,避免氮
肥过多,提高植株抗病力。五是药剂防治。保护地于发病初期用
硫磺粉熏蒸大棚或温室,每 55 米² 空间,用硫磺 0.13 千克、锯末
0.25 千克混合后,用木炭或红煤球点燃,于定植前把棚密闭,熏 24
小时。还可于发病初期用 45%百菌清烟剂每 667 米² 每次 250
克,熏 1 夜或于傍晚喷撒 7%叶霉净粉尘剂,或 5%春雷·王铜粉
尘剂隔 8～10 天 1 次,连续或交替轮换施用。

8. 番茄青枯病(又称细菌性枯萎病)

(1)发病条件 青枯病属于细菌性病害。病菌在病残体上越

冬,通过根部或伤口侵入植株,借助雨水和田间作业传播,当气温在 30℃以上,土壤含水量大于 25%,又是酸性土壤时,则易发病。

(2)主要症状　危害叶片和茎。病株的幼叶萎蔫下垂,然后中下部叶片凋萎,有的植株一侧叶片萎蔫,病茎有水浸状褐色斑,维管束变褐,折断病茎后由伤口处流出白色菌脓,在病茎的下部易生长不定根。

(3)防治措施　一是提倡施用有机活性肥或生物有机肥,推广BB 专用肥(掺混肥)。实行与十字花科或禾本科作物 4 年以上轮作,最好与禾本科进行水旱轮作。二是选用抗青枯病品种。三是选择无病地育苗,采用高畦栽培,避免大水漫灌。四是加强栽培管理。采用配方施肥技术,施用充分腐熟的有机肥或草木灰,改变微生物群落,或每 667 米^2 施石灰 100 ～ 150 千克,调节土壤 pH 值。五是药剂防治。发病初期喷淋或浇灌 50%氯溴异氰尿酸可溶性粉剂1 200倍液,或 53.8%氢氧化铜干悬浮剂 1 000 倍液,或 72%硫酸链霉素可溶性粉剂 4 000 倍液,或 72%硫酸链霉素与水合霉素 1∶4 混合制得复配剂,或 50%琥铜·乙膦铝可湿性粉剂 400倍液,或 25%青枯灵可湿性粉剂 800 倍液,每株灌对好的药液0.3～0.5 升,隔 10 天 1 次,连续灌 2～3 次。

9. 番茄溃疡病(又称鸟眼病)

(1)发病条件　番茄溃疡病属于细菌性病害,病菌在种子上或病残体上越冬,通过表皮伤口侵入植株,借助引种、育苗及雨水传播,在温暖潮湿、结露多雨的环境中发病严重。

(2)主要症状　溃疡病可危害叶片、茎和果实,病叶似缺水状卷缩,有的植株一侧叶片凋萎,病茎的髓部变褐烂,或在茎部开裂生成不定根,潮湿时有白色脓状物溢出,病果有稍突起的圆斑,其边缘为白色,中央部分为褐色(似鸟的眼睛,故又称鸟眼病),后期果肉腐烂,并使种子带菌,有的幼果皱缩停长。

(3)防治措施　番茄溃疡病属于检疫性病害,因而应加强种子和苗木检疫,要认真清理田园,选择抗病品种,推广无土育苗或床土消毒,对种子进行消毒处理(可用52℃水搅拌浸种30分钟,或用200毫克/千克硫酸链霉素浸种2小时);实行3年以上菜田轮作,或选用野生番茄加砧木进行嫁接;定植时用硫酸链霉素水浇灌定苗(每支硫酸链霉素加水15升)。发现病株及时拔除,全田喷洒53.8%氢氧化铜干悬浮剂1 000倍液,或40%硫酸链霉素可溶性粉剂2 000倍液。

10. 番茄病毒病

(1)发病条件 病毒病是由病毒引起的传染性病害,病毒可在种子上或病残体上越冬,通过汁液接触,由伤口侵入植株,借助蚜虫危害,由汁液接触或田园作业进行传播,在高温干旱及有蚜虫危害的情况下容易发病。

(2)主要症状 番茄病毒病叶片、茎和果实,病叶呈黄绿相间的花叶形,或呈线状蕨叶形。中下部叶片上卷,病茎有黑褐色斑块,有的扭曲停长,病果有云纹斑或褐色斑块,果实小而硬,整个植株矮化、丛生,有畸形花,结果少或不结果。

(3)防治措施 防治番茄病毒病,采用以农业防治为主的综防措施。一是针对当地主要病原,因地制宜选用抗病品种。二是实行无病毒种子生产。播种前用清水浸种3~4小时,再放入10%磷酸三钠溶液中浸40~50分钟,捞出后用清水冲净再催芽播种,或用0.1%高锰酸钾浸种30分钟;定植用地实行2年以上轮作。三是加强田间管理。预防高温干旱,例如,用遮阳网防高温防强光照,与高秆作物玉米等间作套种,以达到遮光降温效果。另外,在移苗时不要伤根,在田间管理时不要损伤植株。四是提倡采用防虫网,防止蚜虫传毒。五是预防病毒可喷20%吗胍·乙酸铜可湿性粉剂500倍液,每667米^{2}用药液50千克。

11. 番茄主要虫害 番茄主要害虫有棉铃虫、蚜虫、斑潜蝇。

（1）棉 铃 虫

①危害特点　以幼虫蛀食番茄植株的蕾、花、果，偶也蛀食茎，并且食害嫩茎、叶和芽。但主要危害形式是蛀果。易造成病菌侵入引起腐烂、脱落，造成严重减产。

②防治方法　压低虫口密度。及时整枝打杈，适时去除老叶；提倡使用防虫网；抓住关键期，于幼虫未蛀入果内之前施药。喷洒15％茚虫威悬浮剂4 000～5 000倍液，或4.5％高效氯氰菊酯乳油1 000倍液。交替轮换用药。

（2）蚜 虫

①危害特点　成虫及若虫在叶片刺吸汁液，造成叶片卷缩变形，植株生长不良。蚜虫传播多种病毒，造成的危害远远大于蚜害本身。

②防治方法　加强预测预报；在田间管理上，要预防高温干旱，可挂银灰色塑料薄膜驱蚜，也可用涂有机油的黄色板诱杀；设施栽培时，提倡采用防虫纱网；生物防治上用食蚜瘿蚊或毒力虫霉菌防治蚜虫；药剂防治上应尽量选择兼有触杀、内吸、熏蒸三重作用的农药，如国产50％高渗抗蚜威1 000倍液，或10％吡虫啉可湿性粉剂1 500倍液，或20％氰戊菊酯乳油2 000倍液。使用抗蚜威的采收前11天停止用药。

（3）斑 潜 蝇

①危害特点　成、幼虫均可危害，雌成虫飞翔把植物叶片刺伤，进行取食和产卵，幼虫潜入叶片和叶柄为害，产生不规则蛇形白色虫道，叶绿素被破坏，影响光合作用。受害叶片脱落，造成花芽、果实被灼伤，严重的造成毁苗。

②防治方法　与斑潜蝇不为害的作物进行套种或轮作；适当疏植，增加田间通透性；收获后及时清洁田园；具有防虫网的可释放天敌；喷洒10％灭蝇胺悬浮剂800倍液，或40％灭蝇胺可湿性粉剂4 000倍液，或10％虫螨腈悬浮剂1 000倍液，或40％阿维·

敌敌畏乳油1000倍液。

七、茄 子

茄子,又称落苏、昆仑瓜。

(一)生物学特性

1. 形态特征 茄子属于茄科茄属1年生草本植物。它根系发达,易木质化,而且再生能力差。茎直立粗壮,有多级分枝,主茎长到一定节数后则顶芽变花芽,茎和枝条易木质化。叶片呈卵圆形或椭圆形,单叶互生,叶色深绿或带紫色。花为白色或紫色、筒状两性花,花萼宿存。果实为浆果,成熟后为黑紫色或乳黄色。胎座是海绵状薄壁组织,如未授粉易出现僵果。种子扁平,肾脏形,紫褐色,光滑坚硬,千粒重4~5克。

2. 对环境条件的要求 茄子喜温耐热。

(1)温度条件 适应温度15℃~35℃,适宜温度22℃~32℃;种子发芽适温25℃~30℃,苗期适温20℃~30℃,生长期适温25℃~30℃。

(2)水分要求 空气相对湿度为70%~80%,土壤含水量在15%左右。

(3)光照条件 茄子为强光短日照植物,光照的补偿点为2000勒,光饱和点为4万勒,在短日照条件下有利于开花结实。

(4)营养条件 茄子喜肥耐肥,茎叶生长以氮肥为主,结果期需氮、磷、钾肥配合施用。一般每生产1000千克茄子,需氮2.95千克、磷0.63千克、钾4.78千克。茄子喜中性至微酸性土壤,以土层深厚、富含有机质的冲积土壤最好。

（二）育苗技术

1. 播种育苗期　茄子喜高温强光,而且生长期长,如果管理得好,可获得春种、夏收、恋秋生长的效果。因此,一般只分为早茄子和晚茄子。早茄子可在 12 月份至翌年 1 月份保护地育苗,3～4月份定植;晚茄子在 4 月份育苗,5～6 月份定植。茄子在冬、春温室和早春大棚里也可栽培,多在 12 月份至翌年 1 月份温室育苗,3～4 月份定植。

2. 品种和播种量　促成栽培和早春栽培,一般多选用早熟品种,例如选用五叶茄、六叶茄、辽茄 1 号等。在春季露地和秋季延后栽培,多选用中晚熟品种,比如选用七叶茄、长茄 1 号、油瓶茄、辽茄 3 号、丰研 1 号、九叶茄、东光白茄等。每 667 米^2 播种量 50克左右。

3. 种子消毒与催芽　茄子种皮厚,浸种催芽时间长。先用凉水泡种 2～3 分钟,然后用 50℃温水搅拌浸种 15 分钟,捞出后用清水淘净,再用室温水浸泡 1 昼夜,然后再用清水淘净,用湿布包好放到 28℃条件下催芽,并每 4～6 小时用清水淘洗 1 次,一般经4 天即可出芽。也可在 28℃条件下,每 6 小时用温清水淘洗 1 次,经 2～3 天即可出芽。当 80％以上种子发芽,即可播种。

4. 配制床土与药土　配制床土的做法是:选肥沃的园田土 4份,腐熟的马粪 3 份,过筛的细炉渣 3 份,均匀混合后,每立方米床土再混合加入 1000 克过磷酸钙即可。播种床平铺床土 5 厘米厚,分苗床平铺床土 10 厘米厚,或将床土装营养钵。配制药土的做法是:用 50％多菌灵可湿性粉剂与 50％福美双可湿性粉剂按1∶1 混合,或 25％甲霜灵可湿性粉剂与 70％代森锰锌可混性粉剂按 9∶1 混合,按每平方米用药 8～10 克,加 15～30 千克细土混合,即制成药土备用。

5. 播种与籽苗管理　播种前,先将苗床用温水浇透,然后每平方米床土上普撒 1 千克药土,随后每平方米播种 20 克左右,播后再普撒 2 千克药土和细潮土覆盖(总厚度 0.8~1 厘米),然后盖上塑料膜保温保湿。籽苗出土前,床土温度应控制在 20℃~25℃,出苗后可揭开塑料膜降温降湿,这时地温应控制在 18℃左右,气温保持在 25℃左右。床土太湿时,要扦土或撒细干土控墒。

茄子移苗应在花芽分化前进行,一般株行距为 10 厘米×10厘米,移苗期要保证温度在 28℃左右。若床土潮湿,在缓苗后即应降温降湿。

6. 幼苗与成苗期管理 茄子秧苗花芽分化为 2 叶 1 心期,在播后 30 天左右。在分化期,为了促使雌花增多和促使开花节位低,应调节温度白天为 30℃,夜间 25℃,这样有利于花芽分化。如果这个时期处于低温条件,花芽分化迟缓,但长柱花多。长到 4 叶期,则花芽分化完毕,对温湿度的管理恢复正常。因茄子根易木栓化而不耐移植,所以一般只移苗 1 次。茄子的籽苗期与幼苗期易患猝倒病,所以要尽量控水,土温不可低于 15℃。到成苗期,为了预防脱肥,可随着浇水适当追施速效化肥。当达到一定苗龄后即可移栽,在定植前 1 周要进行降温降湿,以锻炼秧苗。

7. 壮苗的标准 苗龄 60~80 天,株高 15 厘米左右,长出 7~9 片真叶,叶片大而厚,叶色浓绿带紫,茎粗黑绿带紫,长花柱已现大蕾,根系多无锈根,全株无病虫害、无机械损伤。

8. 苗期的异常现象及防治对策 土温低而干旱,易形成僵苗和老小苗,植株矮小,茎叶细而黄绿,根发锈。防治对策是:浇温水或锄耪松土,以提高地温。

夜温过低,叶片向下弯曲,叶柄与茎的夹角开大,叶细尖。防治对策是:加强保温,或用电热线加热育苗。

茄子叶面积大,蒸腾旺盛,需水量多,又因易木质化,所以要控制蹲苗或不蹲苗。

茄子在移苗时应适当深栽,只要露出叶片即可,这样有利于根系发育和缓苗。

(三)适时定植

茄子定植时间必须是终霜期以后,保证 10 厘米深处的地温稳定在 15℃以上。

定植前必须整地施肥,每 667 米² 施优质腐熟粗肥 6 000 千克以上、过磷酸钙 20 千克,普撒肥料后深翻 30 厘米,平整后做成高垄,垄距 1.2 米,垄高 15 厘米,大垄中间开一水沟,然后覆上地膜。一般要在定植前 1 周,覆地膜烤地增温。

定植方法是:按大垄双行、内紧外松的方法定植,小行距 50 厘米,株距 40 厘米,用打孔器打孔后,将带有壮秧的土坨栽到埯内。可以适当深栽,露出子叶为宜,然后浇水封埯。为了预防黄萎病,在定植时可用 50%多菌灵可湿性粉剂 500 倍液蘸根。

(四)定植后的管理与采收

定植后缓苗前要保温保湿,白天调节气温在 28℃~30℃,夜温保持 20℃以上,地温控制在 16℃左右,土壤保持潮湿。当新叶开始生长,新根出现,证明已经缓苗。这时应适当降温降湿,白天控温在 25℃~28℃,夜间保持在 17℃左右,地温控制在 15℃。在保护地,可通过放风或锄耧散墒。在现蕾开花期,要控制水肥,一般在门茄长到 3 厘米大小时,再开始水肥管理。这时是营养生长和生殖生长同时进行的时期,可随浇水每 667 米² 施尿素 15 千克,晴天可用 0.2%的磷酸二氢钾进行叶面喷肥。

要适时打叶与蘸花。当门茄长到 3 厘米大小时,就可去掉第一侧枝以下的叶片,以减少营养消耗。全生育期都要及时摘掉病老黄叶,以利于通风透光。每个花序下只留 1 个侧枝,其余的去掉。为了防止落花落果,当花瓣变紫或开花的当天,可用 40~55 毫克/千克的番茄灵喷花。这种方法,不仅方便,效果好,而且还不易产生药害。

茄子坐果率与花的质量有关,一般花小、色浅、梗细、柱短的花不结果。预防的办法是:温度不可过高或过低,控温在 25℃ ~ 28℃即可;昼夜温差不可太小,夜温应控制在 18℃左右;地温必须大于 15℃;土壤保持湿润,而且要营养充足,适当增施磷、钾肥。在连阴雨天,保护地可人为增加光照,补充光照的光源要保持离植株顶端 1 米以外。每补充 1000 勒的光量,需要 3000 勒以上的光源才能满足。一般每平方米补充 75 勒或 100 勒光照即可。补充光照可用 BR 型农用荧光灯,也可在棚室内挂镀铝反光幕以增加光照。这样,就可减少短柱的无效花。

对于度夏生产的茄子,必须预防干旱和沥涝,热雨过后要及时进行涝浇园,以保证根系的正常代谢功能。

对于恋秋生长的茄子,不仅要加强病虫害防治,而且在高温期过后要及时整枝修剪,剪掉内膛枝和徒长枝,摘掉病老残叶。同时,要加强水肥管理,还可进行叶面喷肥,以促进开花结果。

要正确掌握茄子采收的时机和标准。当果实充分长大,有光泽,近萼片边沿的果皮变白或变浅紫色时,即可采收。在盛果期,每隔 2~3 天即可采收 1 次。由定植到采收,早熟品种 40~50 天,中熟品种 50~60 天,晚熟品种在 60 天以上。茄子产量有两个高峰期:第一个高峰期为四面斗时期,第二个高峰期为满天星时期(即第四到五级侧枝的结果期)。果实达到采收标准应及时采收,如果遇有连阴雨天还应适当提前采收,以免受病虫危害。

(五)茄子生产历程

茄子生产历程,如表 3-5 所示。

表 3-5　茄子生产历程表

栽培形式	播种期	定植期	采收期
温室秋冬茬	7月中旬至8月上旬	8月下旬至9月下旬	10月下旬至翌年1月下旬
温室冬春茬	12月下旬至翌年2月上旬	3月上旬至4月上旬	4月中旬至6月下旬
春阳畦	11月下旬至12月下旬	翌年3月上旬至3月下旬	4月中旬至6月下旬
春塑料棚	12月上旬至翌年1月上旬	3月上旬至4月上旬	4月中旬至7月上旬
早春地膜	1月上旬至1月下旬	4月上旬至5月上旬	5月中旬至7月上旬
春露地	2月上旬至3月上旬	5月下旬至5月中旬	6月中旬至8月下旬
恋秋茬	4月上旬至5月上旬	5月下旬至6月下旬	7月下旬至9月下旬
秋延后	4月下旬至5月中旬	6月中旬至7月上旬	8月中旬至11月上旬

（六）病虫害防治

1. 茄子绵疫病（又称掉蛋、水烂或烂茄子）

（1）发病条件　茄子绵疫病属于真菌性病害。病菌以卵孢子随病残组织在土壤中越冬，穿透表皮侵入植株，借风雨或育苗传播，形成再侵染。病菌生长发育适温28℃～30℃，适宜发病温度为30℃，空气相对湿度85%有利于孢子形成，95%以上菌丝生长旺盛。因此，高温多雨，湿度大成为此病流行条件。地势低洼，土壤黏重的下水头及雨后水淹，管理粗放和杂草丛生的地块，发病重。

（2）主要症状　茄子绵疫病主要危害果实、叶、茎、花器等部位。近地面果实先发病，受害果初现水浸状圆形斑点，稍凹陷，果肉变黑褐色腐烂，易脱落，湿度大时，病部表面长出茂密的白色棉絮状菌丝，迅速扩展，病果落地很快腐败。茎部染病初呈水浸状，而后变暗绿色或紫褐色，病部缢缩，其上部枝叶萎垂，湿度大时上生稀疏白霉。叶片被害，呈不规则或近圆形水浸状淡褐色至褐色病斑，有较明显的轮纹，潮湿时病斑上生稀疏白霉。幼苗被害引起猝倒。

（3）防治措施　一是选用抗病品种。如湘茄4号、承茄1号、兴城紫圆茄、通选1号、济南早小长茄、辽茄3号、丰研1号、四川墨茄、竹丝茄、青选 4 号等。二是实行 3 年以上轮作,选高低适中、排灌方便的田块,秋冬深翻,施足酵素菌沤制的堆肥或腐熟的有机肥,采用高垄或半高垄栽植。三是加强田间管理。及时中耕、整枝,摘除病果、病叶;采用地膜覆盖,增施磷、钾肥等。四是药剂防治。发病初期喷洒 66.8% 丙森・缬霉威可湿性粉剂 600～800 倍液,或 52.5% 噁酮・霜脲氰水分散粒剂 1500 倍液,或 70% 乙铝・锰锌可湿性粉剂 500 倍液,或 70% 丙森锌可湿性粉剂 600 倍液,或 72.2% 霜霉威水剂 600 倍液,或 60% 锰锌・氟吗啉可湿性粉剂 800 倍液,或 69% 烯酰・锰锌可湿性粉剂 600 倍液。隔 7～10 天 1 次,防治 2～3 次,同时要注意喷药保护果实。

2. 茄子黄萎病(又称半边疯或黑心病)

(1)发病条件　茄子黄萎病属于真菌性病害。病菌随病残体在土壤中越冬,土壤中病菌可存活 6～8 年,借风、雨、流水或人畜及农具传到无病田。翌年病菌从根部的伤口或直接从幼根皮及根毛侵入,并扩展到枝叶,该病在当年不再进行重复侵染。病菌发育适温 19℃～24℃,最高 30℃,最低 5℃。一般气温低,定植时根部伤口愈合慢,利于病菌从伤口侵入;从茄子定植到开花期,日平均温度低于 15℃,持续时间长,发病早而重,如此期间气候温暖,雨水调和,病害明显减轻;地势低洼、施用未腐熟的有机肥、灌水不当及连作地发病重;有时冷凉天气,直接浇灌井水,会使地温降至 15℃以下,如此灌水一次也可导致该病发生蔓延。

(2)主要症状　茄子黄萎病可危害叶片、茎和根。苗期发病少,成株多在坐果后开始表现症状,且多自下而上或从一边向全株发展。叶片初在叶缘及叶脉间变黄,后发展至半边叶片或整片叶变黄,早期病叶晴天高温时呈萎蔫状,早晚尚可恢复,后期病叶由黄变褐,终致萎蔫下垂以至脱落,严重时全株叶片变褐萎垂以至脱光仅剩茎秆。本病为全株性病害,病株的根、茎、分枝及叶柄等部,可见维管束变褐。

(3)防治措施　一是选用抗病品种。如吉茄 1 号、长茄 1 号、9808 茄子、承茄 1 号、齐杂茄 3 号、湘茄 4 号、蒙茄 3 号、熊岳紫长茄、辽茄 3 号、齐茄 1 号、丰研 1 号、海茄、湘杂 7 号、齐杂茄 2 号、沈茄 2 号、龙杂茄 2 号等。二是进行种子处理。播种前种子用 0.2% 的 50% 多菌灵可湿性粉剂浸种 1 小时,或 55℃ 温水浸种 15 分钟,移入冷水中冷却后催芽播种。三是与非茄科作物实行 4 年以上轮作。与葱蒜类轮作效果较好,尤其与水稻轮作 1 年即可奏效。四是土壤处理。每平方米苗床或定植田用 40% 棉隆微粒剂 10~15 克与 15 千克过筛细干土充分拌匀,撒在畦面上,后耙入土中,深约 15 厘米,拌后耙平浇水,覆地膜,使其发挥熏蒸作用,隔 10 天后播种或分苗,否则会产生药害。定植田还可用 50% 多菌灵可湿性粉剂进行土壤消毒,每 667 米^2 用 2 千克。五是嫁接防病。用赤茄、平茄、托鲁巴姆等作砧木,栽培茄作接穗,进行嫁接,确有实效。六是药剂防治。发病初期提倡喷洒立枯消 600 倍液,或用治枯灵 12 克对水 25 升,或 10% 治萎灵水剂 300 倍液,隔 10~15 天 1 次,连喷 2 次;或浇灌 60% 多菌灵盐酸盐可溶性粉剂 600 倍液,或 50% 多菌灵磺酸盐可湿性粉剂 700 倍液,或 70% 黄萎绝可湿性粉剂 600 倍液,每株灌对好的药液 100 毫升,5~7 天 1 次。

　　3. 茄子青枯病

　　(1)发病条件　茄子青枯病属于细菌性病害。病菌在土壤里越冬,通过根茎的伤口处侵入植株,借雨水或育苗的床土进行传播。当土温在 25℃ 以上,空气相对湿度在 80% 以上时,在酸性土壤中易发病。

　　(2)主要症状　茄子青枯病危害叶片和茎。病叶呈现浅绿色萎蔫状,后期病叶变褐枯焦。病茎外部变化不明显,如剖开病茎基部的木质部位变褐,髓部腐烂形成空腔,潮湿时有乳白色黏液。

　　(3)防治措施　选用抗病品种;实行 5 年以上菜田轮作;对种子和床土进行消毒;调节土壤的酸碱度,使其中性偏碱;每 667 米^2

土壤可用 100 千克消石灰粉普撒后,深翻 15 厘米。在发病初期,可喷施 40% 细菌快克可湿性粉剂 600 倍液,或 10% 噁醚唑水分散粒剂 2 000 倍液,或喷施琥胶肥酸铜可湿性粉剂 5 000 倍液;也可用上述药液灌根,每株灌药液 500 克,10 天灌 1 次,连灌 3 次。

4. 茄子病毒病

(1)发病条件　茄子病毒病是由病毒引起的传染性病害。病毒可在多种寄主上越冬,有的种子也可带毒,通过植株叶片的伤口侵入植株,借助蚜虫、汁液接触及田间作业传播。在高温干旱气候、管理粗放、田边杂草多或有蚜虫的环境里,易大面积发生。

(2)主要症状　常见有 3 种症状。花叶型:整株发病,叶片黄绿相间,形成斑驳花叶,老叶产生圆形或不规则形暗绿色斑纹,心叶稍显黄色;坏死斑点型:病株上位叶片出现局部侵染性紫褐色坏死斑,大小 0.5～1 毫米,有时呈轮点状坏死,叶面皱缩,呈高低不平萎缩状;大型轮点型:叶片产生由黄色小点组成的轮状斑点,有时轮点也坏死。

(3)防治措施　一是选用耐病毒病的茄子品种或选无病株留种。二是用 10% 磷酸三钠浸种 20～30 分钟。三是早期防蚜避蚜,减少传毒介体。塑料大棚悬挂银灰膜条避蚜。四是加强肥水管理,铲除田间杂草,提高寄主抗病力。五是药剂防治。喷洒 2% 宁南霉素水剂 500 倍液,或 24% 混脂酸·铜水剂 700 倍液,或 3.85% 三氮唑核苷·铜·锌水乳剂 500～600 倍液,或 20% 吗胍·乙酸铜可湿性粉剂 500 倍液,或 10% 混合脂肪酸铜水剂 100 倍液,隔 10 天左右 1 次,连续防治 2～3 次。

5. 茄子褐纹病

(1)发病条件　茄子褐纹病是一种真菌性病害。病菌多以菌丝体和分生孢子在土表病残体组织上,或以菌丝潜伏种皮内,或以分生孢子附着在种子上越冬,一般存活 2 年。翌年,带菌种子引起幼苗发病,土带菌引起茎基部溃疡。通过风、雨及昆虫进行传播和再侵染。田间气温 28℃～30℃,空气相对湿度高于 80％,持续时间比较长,或连续阴雨,此病易流行。此外,病情与栽培管理和品种有关,一般多年连作或苗播种过密,幼苗瘦弱,定植田块低洼,土壤黏重,排水不良,偏施氮肥发病重。

(2)主要症状　茄子褐纹病主要危害叶、茎及果实,苗期、成株期均可被害。幼苗染病,茎基部出现褐色凹陷斑,叶片初生苍白色小点,扩大后呈近圆形至多角形斑,边缘深褐色,中央浅褐色或灰白色,有轮纹,上生大量黑点。茎部染病,病斑梭形,边缘深紫褐色,中间灰白色,上生许多深褐色小点,病斑多时连接成几厘米的坏死区,病部组织干腐,皮层脱落,露出木质部,容易折断。果实染病,产生褐色圆形凹陷斑,上生许多黑色小粒点,排列成轮纹状,病斑不断扩大,可达整个果实,病果后期落地软腐,或留在枝干上,呈干腐状僵果。

(3)防治措施　一是提倡施用有机活性肥或生物有机复合肥,实行 2 年以上轮作。二是选用抗病品种。长茄较圆茄抗病;白皮茄、绿皮茄较紫皮茄抗病。耐病品种有:金园早茄 1 号、9808 茄子、北京线茄、成都竹丝茄、天津二根、吉林羊角茄、铜川牛角茄、灯泡茄等。三是从无病茄子上采种。播种前,种子用 55℃温水浸种 15 分钟,或 52℃温水浸种 30 分钟,再放入冷水中冷却,晾干后播种;或采用 50％多菌灵可湿性粉剂和 50％福美双可湿性粉剂各 1 份,泥粉 3 份,混匀后,用种子重量 0.1％拌种。四是苗床消毒,苗床需每年更换新土。播种时,每平方米苗床用 50％多菌灵可湿性粉剂 10 克,或 50％福美双可湿性粉剂 8～10 克拌细土 20 千克制成药土,取 1/3 撒在畦面上,然后播种,播种后将其余药土覆盖在种子上面,即上覆下垫,使种子夹在药土中间。五是加强田间管理,培育壮苗。施足基肥,促进早长早发,把茄子的采收盛期提前在病害流行季节之前均可有效地防治此病。六是药剂防治。结果后开始喷洒 75％百菌清可湿性粉剂 600 倍液,或 80％代森锰锌可

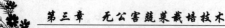

湿性粉剂 600 倍液，或 12％松脂酸铜乳油 500 液，或 47％春雷·王铜可湿性粉剂 600 倍液，视天气和病情隔 10 天左右 1 次，连续防治 2～3 次。使用代森锰锌的每个生长季节只能使用 1 次，防止锰离子超标。

6. 茄子的虫害　茄子的主要害虫，有 28 星瓢虫、红蜘蛛和地老虎。对 28 星瓢虫的成虫，可以捕捉或诱杀，对其幼虫可喷施菊酯类药或喷施高效氯氟氰菊酯乳油 300 倍液进行防治。防治红蜘蛛，可喷施 1.8％阿维菌素乳油 3 000 倍液，或 2.5％联苯菊酯乳油 1 500 倍液，或 15％哒螨灵乳油 3 000 倍液，交替使用。防治地老虎，可用堆青草法诱杀，或用毒饵毒土进行诱杀。

八、青　椒

青椒又名甜椒、菜椒、柿子椒等。

（一）生物学特性

1. 形态特征　青椒属于茄科、茄属 1 年生或多年生草本植物。根为浅根系，根量少，而且不易生不定根。茎直立，易木质化，可有多级分枝，其中无限分枝型植株高大，有限分枝型植株矮小，簇生结果。叶为卵圆形，单叶互生。花为白色，单生或簇生，自花授粉。果为圆锥形、桶形或灯笼形浆果，成熟时有红色、黄色、紫色等多种颜色。种子扁平，肾脏形，淡黄色，千粒重 4～7 克。青椒的果实和种子内含有辣椒素，有辣味。

2. 对环境条件的要求　对温度的要求是：适应温度范围为 15℃～35℃，适宜的温度为 25℃～28℃，发芽温度 28℃～30℃。对水分条件的要求是：喜湿润，怕旱怕涝，要求土壤湿润而不积水。对光照条件的要求是：对光照要求不严，光照强度要求中等，光补偿点为 0.15 万勒，光饱和点为 3 万勒，每天日照 10～12 小时，有利于开花结果。青椒的生长发育需要充足的营养条件,每生产 1000千克青椒,需氮2000克、磷1000克、钾1450克,同时还需要 适量的钙肥。对土壤的要求,以潮湿易渗水的沙壤土为好,土壤的 酸碱度以中性为宜,微酸性也可。

(二)育苗技术

1. 播种育苗期 青椒系喜温暖、短日照作物。在露地栽培, 一般在冬季12月份至翌年2月份播种,3～5月份定植。在越夏 栽培中,需要有遮阳、防暴雨等保护措施。在温室栽培青椒,必须 是抗寒耐热的早熟丰产品种,可在12月份育苗,翌年3月份定植。 栽培秋冬茬青椒,育苗正值高温的8月份,所以要采取遮阳降温措 施,后期还要有保温措施。青椒育苗的苗龄较长,要预防老化苗和 脱肥现象。目前,多推广小苗龄定植(育苗期在1个半月左右)。

2. 品种和播种量 在早春保护地栽培青椒,多选用早熟品 种,如中蔬13、甜杂6号、2号、海花3号、早丰1号等。中早熟品 种有辽椒3号、双丰甜椒等。在露地栽培,多选用中熟品种,如茄 门、三道筋、大牛角椒、巨早-851、津椒3号、沈椒4号、世界冠军、 冀椒1号等。甜椒的栽培密度大,多采用双株穴栽方式。在冬、春 季育苗时,发芽率与成苗率较低,必须加大播种量。一般每667 米² 用种量150克。

3. 种子消毒与催芽 播种前,先将干种子放在70℃条件下烘 烤72小时,然后将种子放在55℃水中搅拌浸种15分钟,接着用 温水浸泡10小时,捞出后放在25℃～30℃的保湿条件下催芽。 而后每天用清温水淘洗4～6次,4天后发芽率可达70%左右,这 时即可播种。

4. 配制床土与药土 按肥沃的园田土4份,腐熟的大粪干粉 1份和细炉灰渣1份的比例,分别过筛后均匀混合,然后每立方米 床土再加入过磷酸钙5千克、三元复合肥1千克,均匀混合后装入营养钵或纸袋中,或在播种床内平铺 5～10 厘米厚。配制药土,可用 50％多菌灵和 50％福美双各 5 克,与 15 千克细干土混合均匀后,即为药土,留以备用。

5. 播种与籽苗期管理　在冬、春季保护地生产,可在土温16℃左右、气温 20℃以上时播种。先将床土用温水浇透,然后覆盖筛过的潮床土,每平方米再普撒药土 10 千克(总厚度 1 厘米),接着在每平方米床土播种 50 克左右。播后再覆药土 5 千克和过筛细潮土 1 厘米厚,然后再盖塑料膜保温保湿。为了防止出土戴帽,可在幼苗刚拱土时,再覆细土 0.5 厘米厚。在保持床土 20℃条件下,一般经 5～7 天即可出苗。出苗后,揭开塑料膜降温降湿,保持床土 16℃～20℃,气温 20℃～25℃。如发现苗床有裂缝,可轻撒一层细沙土弥缝。当籽苗长到 2 叶 1 心期,即可分苗,或者将苗移栽到营养钵或纸袋内。每两株籽苗为一撮。如只进行 1 次分苗,穴距 8 厘米×10 厘米;如两次分苗,第一次分苗的苗距可为 5 厘米×5厘米,第二次分苗的苗距可为 10 厘米×10 厘米。移栽后,浇足底水,再覆细潮土 1.5～2 厘米,随后覆盖塑料膜保温保湿,气温控制在 25℃～28℃。待缓苗后,即可揭掉塑料膜,降温降湿。

青椒长到 2～3 真叶期,为花芽分化期(在播后 35 天左右)。为了促进开花和结果节位低,应适当降温,地温控制在 16℃左右,气温保持在 20℃左右;同时,提供短日照,日光照以 8～10 小时较好。4 真叶以后,则恢复正常的温湿度管理。

6. 幼苗与成苗期管理　在保证营养面积的基础上,要满足正常的温湿度条件,及时除草防病。在幼苗定植前半个月左右,应结合浇水,在每平方米苗床追施硫酸铵 50 克,随后适当松土,但不要伤根。在定植前 1 周,应再随水在每平方米追施尿素 50 克。然后,则控温控水囤苗,促发新根,以利定植后的缓苗。同时,定植前必须达到壮苗标准。

7. 壮苗的标准　苗龄在 60～80 天,株高 15 厘米左右,茎粗

0.4厘米以上,叶片8～10真叶,颜色浓绿,90％以上的秧苗已现蕾,根系发育良好,无锈根,无病虫害和机械损伤。

8. 育苗注意事项 如遇低温,则茎节变短,茎细,叶片小,生长慢。如夜温低,则叶柄短,叶片下垂,易出现锈根;夜温高,则叶柄长,下胚轴长,植株细弱。

土壤缺水时,叶片下垂,叶柄弯曲,呈黄绿色。

如果基肥的生粪多或铵态氮多,则易出现亚硝酸危害,造成缺铁反应,即出现心叶黄化,根少,吸收力弱,甚至于死苗。

青椒的植株易木质化,所以在育苗中可适当少蹲苗或不蹲苗。青椒的根系怕水涝,育苗时一定要注意排水防涝,千万不可积水。

青椒喜光又怕强光,喜湿又怕涝,喜肥又怕生粪,所以在栽培中必须掌握好限度,否则易造成损失。

(三)适时定植

露地定植必须在终霜期过后,扣小拱棚可提前1周定植,应在10厘米地温稳定在15℃以上才可定植。定植前,先整地施肥,每667米² 施腐熟的优质农家肥5000千克、磷酸二铵15千克。要选用排灌条件好的中性或微酸性沙质土壤,深翻20厘米,做成1.2米宽的大垄,垄中间开一水沟,然后覆地膜烤地。

定植时,要选择晴天中午,采取大垄双行、内紧外松的方法定植。用打孔器按一定的穴行距打孔,小行距50厘米,穴距40厘米,每667米²3500穴左右。打孔后,将带有2株壮秧的土坨栽入穴内,然后浇温水,待水渗下后及时封埯,随后可扣小拱棚,以利于保温保湿。也可栽苗后即封埯,稍镇压后再进行膜下暗灌,以水洇湿垄台(垄背)为准。

(四)定植后的管理与采收标准

1. 缓苗前后的管理 缓苗前,以保温保湿为主。如无地膜覆盖,可进行中耕,以提高地温。当心叶开始生长或有新根出现时,则证明已经缓苗,这时就可适当降温降湿。缓苗后至开花前,一般不浇水,只有在干旱时浇小水。当门椒长至 3 厘米大小时,结合中耕进行施肥,每 667 米^2 施腐熟的大粪干粉 200 克、尿素 10 千克。在培土后浇水,以水洇湿垄台为宜。对于覆盖地膜的可以扎眼施肥,或膜下暗灌,随水施肥。

2. 露地栽培管理　在封垄前,要结合施肥进行培土保根,争取在高温来临之前达到封垄水平(可以通过追肥浇水,促进茎叶生长)。追肥要做到氮、磷、钾肥配合使用,以促进秧棵健壮成长,防止落花落果。

3. 开园(开始采收)后的管理　门椒采收后,要及时浇小水,以促秧攻果,但要注意防止积水沥涝。夏天热雨过后,必须及时用井水漂园,以降低地温,保证根系正常生理代谢。此外,在高温季节,应早晚浇小水,在气温高于 30℃ 时,夜晚也应浇小水(俗称偷水),以利于降低地温。

青椒喜温喜水喜肥,但又怕高温多雨大肥,所以要科学管理。当气温超过 30℃,光照强度大于 3 万勒时,就要进行遮阳管理,即罩遮阳网、盖塑料膜或支凉棚,以防病毒病和日灼病。青椒平作,必须在高温来临之前达封垄水平。如果与玉米等高秆作物套种,应以 2 行玉米、4 行青椒的形式套种,这样既能满足玉米对强光的需要,又对青椒生长有利。为了防落花落果,可在开花期用浓度为 15~25 毫克/千克的防落素药液喷施 1 次。

高温多雨季节过后,为促进第二次结果高峰(恋秋生产),应及时浇水追肥,并要进行整枝、打杈、摘叶等植株调整。要剪掉内膛枝和老病残枝,以打开风、光的通路。在 3 级分枝以上留 2 片叶进行打尖,可控制营养生长。对新长出的枝条,留 1 果 2 叶进行打尖。摘掉下部的老叶病叶,以减少营养消耗。同时,还应再一次培土,以促发新根和防倒伏。此外,要进行叶面喷肥,比如喷施

0.2％的尿素、磷酸二氢钾或白糖水等,都可促进植体加快生长,有利于开花结果。

4. 适时采收 对于不留种的青椒,以采收嫩果为主。当果皮变绿色,果实较坚硬,而且皮色光亮时,即可采收。从开花至采收,一般需 20 天左右。每 667 米² 产量在 3 500～4 500 千克。

如果需要留种,应留第二、第三、第四层分枝上的果实,待充分成熟,果皮变红或变黄时,再及时采收。有的采摘后再晾晒 1 周,以促后熟。

(五)青椒生产历程

青椒生产历程,如表 3-6 所示。

(六)病虫害防治

1. 青椒疫病

(1)发病条件 青椒疫病属于真菌性病害。病菌在土壤里或种子上越冬,通过近地表的果实和茎的表皮侵入植株。借助雨水或育苗传播。一般气温在 25℃～30℃、空气相对湿度在 90％以上时,发病严重。

表 3-6 青椒生产历程

栽培形式	播种期	定植期	采收期
温室秋冬茬	7 月下旬至 8 月上旬	9 月上旬至 9 月下旬	10 月下旬至翌年 2 月上旬
温室冬春茬	11 月下旬至 12 月上旬	翌年 2 月下旬至 3 月上旬	4 月下旬至 6 月下旬
阳畦春茬	12 月上旬至翌年 1 月中旬	3 月上旬至 3 月下旬	5 月上旬至 7 月上旬
春 棚	1 月中旬至 1 月下旬	3 月中旬至 4 月上旬	5 月中旬至 8 月中旬
早春地膜	12 月下旬至翌年 2 月上旬	3 月下旬至 5 月上旬	6 月下旬至 7 月下旬
秋延后生产	7 月中旬至 8 月上旬	9 月上旬至 10 月中旬	11 月下旬至 12 月上旬

(2)主要症状 青椒苗期、成株期均受疫病危害,主要危害叶片、茎和果实。病叶有暗褐色圆斑,其边缘为黄绿色。病茎有水浸

斑,病斑绕茎表皮扩展成黑褐色条斑,分枝处也有褐色斑,病部易缢缩折倒。病果的果蒂部有水浸暗绿斑,潮湿时长出白霉,呈褐色腐烂,干燥后成为褐色僵果。

(3)防治措施　一是前茬收获后及时清洁田园,耕翻土地,采用菜粮或菜豆轮作,提倡垄作或选择坡地种植。二是选用早熟避病或抗病品种;培育适龄壮苗,适度蹲苗,定植苗龄以 80 天左右为宜,不宜过长。但要求达到壮苗指标,即株高 15 ~ 20 厘米,茎粗 0.2 厘米,80％现蕾时,每 667 米^2 定植 3 200～3 500 株。三是按配方施肥,提倡施用稳得高 301 活性生态肥或喷洒爱多收 6 000 倍液,或植宝素 7 000 倍液,提高抗病力。四是加强田间管理,预防高温高湿。五是药剂防治。①种子消毒:先把种子经 52℃温水浸种 30 分钟或清水预浸 10 ~ 12 小时后,用 1％硫酸铜液浸种 5 分钟,捞出后拌少量草木灰;也可用 72.2％霜霉威水剂或 0.1％的 20％甲基立枯磷乳油浸种 12 小时,洗净后晾干催芽。②栽植后喷洒或灌根。前期掌握在发病前,喷洒植株茎基和地表,防止初侵染。进入生长中期以后,以田间喷雾为主,防止再侵染。用 52.5％噁酮·霜脲氰水分散粒剂 1 500 倍液,或 70％乙铝·锰锌可湿性粉剂 500 倍液,或 66.8％缬霉威可湿性粉剂 700 倍液,或 72％霜脲·锰锌可湿性粉剂 600 ~ 700 倍液。棚室保护地也可选用烟熏法或粉尘法,即于发病初期用 45％百菌清烟雾剂,每 667 米^2 每次250～300 克,或 5％百菌清粉尘剂,每 667 米^2 每次 1 千克,隔 9 天左右 1 次,连续防治2～ 3 次。

2. 青椒叶枯病(又称灰斑病)

(1)发病条件　青椒叶枯病属于真菌性病害。病菌在病残体或种子上越冬,通过叶片表皮侵入植株,借气流和雨水传播。在气温高于 24℃、空气相对湿度大于 85％时,偏施氮肥的地块易发病。

(2)主要症状　青椒叶枯病危害叶片和茎。病叶为褐色小斑点,逐渐发展成灰褐色圆斑,干燥时病斑易穿孔脱落。病茎有灰褐色椭圆斑。病害一般由下部向上扩展,病斑越多,落叶越严重,严重时整株叶片脱光或秃枝。

(3)防治措施 一是种子包衣。每50千克种子用10%咯菌腈悬浮种衣剂50毫升,以0.25～0.5升水稀释药液后均匀拌和种子,晾干后催芽或播种。二是加强苗床管理,用腐熟厩肥做基肥,及时通风,控制苗床温湿度,培育无病壮苗;有条件的提倡与玉米、花生、大豆、棉花、豆类、十字花科2年以上轮作。三是加强田间管理,合理使用氮肥,增施磷、钾肥,或施用喷施宝、植宝素、爱多收等;定植后及时松土、追肥,雨季及时排水,严防湿气滞留。四是药剂防治。发病初期喷洒78%波尔·锰锌可湿性粉剂600倍液,或60%多菌灵盐酸盐可溶性粉剂600倍液,或75%百菌清可湿性粉剂600倍液,或66.8%缬霉威可湿性粉剂700倍液,或10%苯醚甲环唑水分散粒剂2 000倍液,隔10～15天1次,连喷2～3次,防治效果90%以上。

3. 青椒炭疽病

(1)发病条件 青椒炭疽病属于真菌性病害。病菌在病残体或种子上越冬,通过叶片或果实的表皮及伤口处侵入植株,借助风雨、田间作业和育苗传播。当气温在15℃～30℃、空气相对湿度90%以上时,则易发病。

(2)主要症状 青椒炭疽病可危害叶片和果实。病叶有水浸状褐色圆形斑,病斑上轮生小黑点。病果有水浸状褐色圆形斑,病斑逐渐凸起,形成灰褐色同心轮纹斑,轮纹上有小黑点,潮湿时分泌出红色黏稠物质,使病果呈半软腐状,干缩后病斑呈膜状破裂,果柄上有褐色凹陷斑,易干缩开裂。

(3)防治措施 一是种植抗病品种。二是选无病株留种或种子用30%苯噻氰乳油1 000倍液浸种6小时,带药 催芽或直接播种。或进行种子包衣,每5千克种子用10%咯菌腈悬浮种衣剂10毫升,先以100升水水稀释药液,而后均匀拌和种子。或用55℃

温水浸 30 分钟后移入冷水中冷却,晾干后播种。也可用次氯酸钠溶液浸种,在浸种前先用 0.2%～0.5% 的碱液清洗种子,再用清水浸种 8～12 小时,捞出后置入配好的次氯酸钠溶液中浸 5～10 分钟,冲洗干净后催芽播种。三是发病严重的地块实行与瓜、豆类蔬菜轮作 2～3 年。四是采用营养钵育苗,培育适龄壮苗。五是加强田间管理,避免栽植过密;采用配方施肥技术,避免在湿地定植;雨季注意开沟排水,预防果实日灼。六是药剂防治。发病初期开始喷洒 25% 咪鲜胺乳油 1 000 倍液,或 50% 咪鲜胺可湿性粉剂 1 000 倍液,或 25% 溴菌腈可湿性粉剂 500 倍液,或 70% 丙森锌可湿性粉剂 600 倍液,或 80% 波尔多液可湿性粉剂 400 倍液,或 80% 炭疽福美可湿性粉剂 800 倍液,7～10 天 1 次,连续防治 2～3 次。

4. 青椒枯萎病

(1)发病条件 青椒枯萎病属于真菌性病害。病菌在土壤中越冬,通过近地表的茎叶表皮或伤口侵入植株,借助风雨和育苗传播,当气温 24℃～28℃、土壤湿度大时,则易发病。

(2)主要症状 青椒枯萎病可危害叶片、茎和根部。病株下部叶片逐渐萎蔫脱落,以后影响到上部叶片萎蔫。病茎基部的皮层呈水浸状腐烂,使茎的上部一侧或全株的茎叶萎蔫。后期全株枯死,病根的皮层呈水浸状软腐,木质部变成暗褐色,潮湿时生有白色或蓝绿色霉状物。

(3)防治措施 提倡施用酵素菌沤制的堆肥或生物有机复合肥或海藻肥;加强田间管理,与其他作物轮作;选种适宜本地的抗病品种;选择易排水的沙性土壤栽种;合理灌溉,加强菜地沟渠管理,尽量避免田间过湿或雨后积水。发病初期喷洒或浇灌 50% 氯溴异氰尿酸可溶性粉剂 1 000 倍液,或 35% 甲霜·福美双可湿性粉剂 800 倍液,或 3% 甲霜·噁霉灵水剂 800 倍液,每株灌对好的药液 0.4～0.5 升,视病情连续灌 2～3 次。

5. 青椒疮痂病

(1)发病条件 青椒疮痂病属于细菌性病害。病菌在种子上越冬,通过叶片的气孔或伤口侵入植株,借助雨水和昆虫的活动传播。此病易在高温多雨的7～8月份雨后发生,尤其是台风或暴风雨后容易流行,潜育期3～5天。发病适温27℃～30℃,高湿持续时间长,叶面结露对该病发生和流行至关重要。

(2)主要症状 青椒疮痂病危害叶片、茎蔓和果实。病叶有黄褐色水渍状轮纹,病斑呈凸起的疮痂状。茎蔓染病则有水浸状条斑,后期木栓化纵裂成疮痂。病果上有圆形墨绿色斑突起,后期干腐呈疮痂状。

(3)防治措施 一是选用抗病品种。二是选用无病种子,从无病株或无病果上选留生产用种。三是种子消毒。先把种子用清水浸泡10～12小时后,再用0.1‰硫酸铜溶液浸5分钟,捞出后拌少量草木灰或消石灰,使其成为中性再进行播种,也可用52℃温水浸种30分钟后移入冷水中冷却再催芽。四是实行2～3年轮作。五是药剂防治。发病初期开始喷洒53.8%氢氧化铜干悬浮剂1 000倍液,或36%氧化亚铜水分散粒剂1 000倍液,或78%波尔·锰锌可湿性粉剂500倍液,或硫酸链霉素·土霉素4 000倍液,或72%硫酸链霉素可溶性粉剂3 000倍液,或47%春雷·王铜可湿性粉剂700倍液。隔7～10天1次,共防2～3次。

6. 青椒软腐病

(1)发病条件 青椒软腐病属于细菌性病害。病菌在病残体上越冬,通过果皮或伤口侵入植株,借雨水、灌溉和昆虫活动传播。在气温25℃～30℃、空气相对湿度90%以上的阴雨天,易流行此病。此外,如果脐腐病又受软腐细菌的侵染,也易引起软腐病。

(2)主要症状 青椒软腐病主要危害果实。病果有水浸状暗绿色斑,后期果皮变白,果肉呈褐色,腐烂并有臭味,干燥时果实干缩,并且仍挂在枝条上。

（3）防治措施　一是实行与非茄科及十字花科蔬菜进行 2 年以上轮作。二是及时清洁田园,尤其要把病果清除带出田外烧毁或深埋。三是培育壮苗,适时定植,合理密植。四是保护地栽培要加强放风,防止棚内湿度过高。五是及时喷洒杀虫剂防治烟青虫等蛀果害虫。六是药剂防治,雨前雨后及时喷洒 40％硫酸链霉素可溶性粉剂 2 000 倍液,或硫酸链霉素·土霉素可溶性粉剂 4 000倍液,或 53.8％氢氧化铜干悬浮剂 1 000 倍液,或 47％春雷·王铜可湿性粉剂 600 倍液,或 86.2％氧化亚铜乳油 1 000 倍液。

7. 青椒病毒病

（1）发病条件　青椒病毒病是由病毒引起的传染病。病毒在病残体上越冬,通过茎、枝、叶的表层伤口侵入,通过昆虫活动、田间作业等方式由汁液接触而传染。若气温在 20℃ 以上,空气干燥,而且有蚜虫的条件下,则易发病。

（2）主要症状　青椒病毒病常见有花叶、黄化、坏死和畸形等4 种症状。花叶分为轻型花叶和重型花叶两种类型:轻型花叶病叶初现明脉轻微褪绿,或现浓绿、淡绿相间的斑驳,病株无明显畸形或矮化,不造成落叶;重型花叶除表现褪绿斑驳外,叶面凹凸不平,叶脉皱缩畸形,或形成线,生长缓慢,果实变小,严重矮化。黄化:病叶明显变黄,出现落叶现象。坏死:病株部分组织变褐坏死,表现为条斑、顶枯、坏死斑驳及环斑等。畸形:病株变形,如叶片变成线状,即蕨叶,植株矮小,分枝极多,呈丛枝状。有时几种症状同在一株上出现,或引起落叶、落花、落果,严重影响青椒的产量和品质。

（3）防治措施　一是选用抗病品种。二是适时播种,培育壮苗。要求秧苗株型矮壮,第一分权具花蕾时定植。三是种子用10％磷酸三钠浸种 20～ 30 分钟后洗净催芽,在分苗、定植前,或花期分别喷洒 0.1％ ～0.2％硫酸锌。四是利用保护地设施,于终霜前 20～25 天定植,或采用塑料薄膜覆盖栽培,促其早栽、早结果,进入病毒病盛发期青椒已花果满枝,根系发达,植株老健,抗病能力增强。五是采用配方施肥技术,施足有机活性肥或 BB 蔬菜专用肥或腐熟有机肥,勤浇水。六是采用防虫网防治传毒蚜虫,减轻病毒病发生。七是药剂防治。喷洒 20% 吡虫啉可湿性粉剂 3 000 倍液,防治传毒蓟马、蚜虫;发病初期喷洒 2% 宁南霉素水剂 500 倍液,或 0.5% 菇类蛋白多糖水剂 200 ～ 300 倍液,或 3.85% 三氮唑核苷·铜·锌水乳剂 600 倍液,或 31% 氮苷·吗啉胍可溶性粉剂 1 000 倍液及 10% 混合脂肪酸铜水剂 100 倍液,隔 10 天左右 1 次,连续防治 3 ～4 次。

8. 青椒虫害 青椒害虫主要有蚜虫和棉铃虫,防治措施可参考番茄虫害防治。

九、人参果

人参果属于茄科茄属蔬菜,是以食果肉为主的多年生草本植物,也称茄瓜、香艳梨,有与黄瓜相似的芳香味。人参果起源于南美洲北安第斯山区,生长在海拔 1 200～2 700 米的高寒地带,我国在 20 世纪 80 年代从新西兰引进。人参果既有观赏价值,又可当水果食用,而且其茎叶可喂猪、牛、羊、兔。

(一)生长发育特性

人参果为多年生草本植物,形似小灌木,株高 60～150 厘米,在我国多为 1 年生草本。它根系发达,萌芽力强,根系分布范围在 70～100 厘米。茎有棱,萌芽力强,分枝多且分枝层数多。叶片椭圆形,似马铃薯叶,绿色,单叶互生或轮生,叶长 8～18 厘米。花为聚伞花序,紫色小花,但在早春或气温低、营养不良条件下易出现白花(白花不易坐果)。每花序 5～10 朵小花,可形成 1～3 个果实。第一花序在第十五节左右,以后每隔 3～5 节着生 1 个花序。

花冠白色或淡紫色,可以自花授粉。单株可结果 30 个左右,果实似梨状,椭圆形,乳黄色浆果,果实皮薄肉厚且多汁,中央有多个心室和少量种子。果皮颜色由淡绿色变为乳黄色,皮上有紫色或褐色条斑。单果重 40～400 克,每果内含种子 10～100 粒,种子千粒重为 0.82～1.2 克。

对环境条件的要求是:气温白天 20℃～25℃,夜间 8℃～15℃,不耐霜,10℃以下停止生长,可在 4℃～5℃条件下越冬,气温 30℃以上时生长衰弱。开花结果后,要求保持土壤湿润,土壤酸碱度以氢离子浓度 100～3 163 纳摩/升(pH 值 5.5～7)为宜。要求强光、长日照,日照以 12～14 小时为宜,有利于早开花结实。在较凉爽的条件下,也有利于开花结实。一般每生产 1 000 千克人参果,需氮 5 千克、磷 5 千克、钾 5.6 千克。

(二)栽培技术

在春、夏季栽培,一般春季定植,夏、秋季收获。结果高峰期有两个:6～7 月份为第一高峰期,10～11 月份为第二个高峰期。如果在温室生产,加强水肥管理和整枝打杈,在 11 月份还可开花,翌年 1 月份还能结实。一般从播种到采收,需 150～180 天。

在秋、冬季栽培,一般于温室内生产,8 月下旬定植,翌年 2～3 月份采收。只要气温在 10℃以上就可生长,最适宜温度为 20～25℃。

1. 育苗技术 一般用插条法繁殖。选择 10～15 厘米长、比较老化的枝条,含 4～5 个叶芽最好;用生根粉处理切口;当气温稳定在 12℃以上时,将插条以 30°角斜插在育苗床里,株行距各10～15 厘米,枝条的上端稍露出地表;接着,稍作镇压,再浇 20℃温水,随后支小拱棚保温保湿。一般插后 7～10 天即可生根,15 天左右就可出现新叶。这时揭去小拱棚放风、散湿、降温,再过 10 天左右就可定植。

2. 幼苗定植　定植前要先整地,每 667 米^2 施优质粗肥 8000 千克,普撒后深翻做成大垄,垄宽 1.2 米、高 0.3 米,大垄中间留一水沟,以备膜下暗灌。然后覆膜烤地,当土温稳定在 12℃ 以上时,就可定植。每大垄栽 2 行,小行距 50 厘米,株距 50 厘米,深度以露出插条的叶片为度。栽后稍作镇压即可封埯,接着进行膜下暗灌,以水能洇湿垄台为准。

3. 定植后的管理　定植后,要保温保湿,可支小拱棚。缓苗后,则要降温降湿,揭开小拱棚放风,并要中耕松土促进生根。开花前,适当浇小水,并插架绑蔓,同时进行整枝打杈。每株人参果从地上 15 厘米处开始留侧枝,其余的从主枝基部剪去。每株选留 4～5 条侧枝,每条侧枝留 2～3 个花序,最上一个花序上面留 2 片叶摘心(打尖)。每个花序留 3 个果,其余的疏掉。可在开花初期,喷 50 毫克/千克的番茄灵,以保花保果。当幼果长到 2～3 厘米大小时,要加强水肥管理。在浇水的同时,每 667 米^2 追施尿素 10 千克,或人尿粪 1000 千克,一般每半个月追肥 1 次,平时要保持土壤湿润。

4. 采收与贮藏　人参果从开花到成熟,一般为 70～120 天。以果实上出现花纹为适宜收获期。收获后,在 15℃～20℃ 条件下可贮存 20 天,在 10℃ 左右条件下可贮存 1 个月。

(三)病虫害防治

1. 疫　病

(1)危害特点　疫病是人参果的主要病害之一,在低温高湿的环境里易诱发此病。主要表现是,病茎叶有黑褐斑,潮湿时有白霉,病果有油浸状暗绿色凹陷斑。

(2)防治措施　一是加强田间管理,预防低温高湿。二是实行 3 年以上菜田轮作。三是及时整枝打杈,推广配方施肥,增强植株抗性。四是药剂防治。在发病初期,可在棚室内施用 45% 百菌清烟剂(每 667 米²250 克),或喷撒 5%百菌清粉尘(每 667 米²1 千克)。在露地栽培条件下,可喷施 64%噁霜·锰锌可湿性粉剂 400 倍液。

2. 叶霉病

(1)危害特点　叶霉病主要危害叶片。在气温 20℃,空气相对湿度大于 90%时,则易发病。病叶有淡黄色褪绿斑,叶背有白霉,逐渐变为灰褐色霉层,干燥时叶片卷曲,呈黄褐色干枯。

(2)防治措施是　在播种前对种子进行消毒;实行 3 年以上菜田轮作;加强田间管理,预防低温高湿。发病初期,在棚室内可喷施 7%叶霉净(有效成分:丙环唑＋乙蒜素)粉尘,每 667 米²1 千克,在露地栽培可喷 70%百菌清可湿性粉剂 600 倍液。

3. 病毒病

(1)危害特点　人参果的病毒病,有卷叶和蕨叶两种类型,都能引起叶色褪绿,植株矮化。主要是通过种子带毒和蚜虫传毒。在高温干旱条件下,易发此病。

(2)防治措施　对种子进行消毒,可用 10%磷酸三钠浸种半小时。此外,要积极防治蚜虫,在田间管理上要预防高温干旱。最好与高秆作物玉米等套种,以减少病毒病发生。发病初期,可喷施 1.5%烷醇·硫酸铜乳剂 1 000 倍液,或喷施 20%吗胍·乙酸铜可湿性粉剂 500 倍液。

4. 人参果虫害

人参果的害虫主要有棉铃虫、蚜虫、花蓟马、斑潜蝇等。防治棉铃虫,可喷苏云金杆菌制剂,以杀死幼虫。防治蚜虫,可在田里挂银灰膜驱赶,或挂黄色机油药板诱杀,也可喷施 50%抗蚜威可湿性粉剂 2 000 倍液。防治花蓟马,可喷 40%乐果乳油 1 000 倍液。防治斑潜蝇,可喷施 1.8%阿维菌素乳油 2 500～3 000 倍液,或喷施 21%增效氰戊·马拉松乳油 3 000 倍液。

十、结球甘蓝

结球甘蓝,又称大头菜、卷心菜、甘蓝、洋白菜。

(一)生物学特性

1. 形态特征　结球甘蓝属于十字花科、芸薹属、能形成叶球的草本植物。甘蓝为浅根系蔬菜,根系呈圆锥形分布,茎呈短缩状态的营养茎。叶片为绿色或紫红色,椭圆形,叶面光滑,有皱有蜡粉,莲座叶丛生在短缩茎上,叶片抱合呈球状。有的老根上的侧芽也可形成叶球。花为十字形淡黄色,异花授粉。果为长角果,成熟后开裂。种子圆球形,黑褐色,千粒重为 3.2～4.7 克。

2. 对环境条件的要求　结球甘蓝适应性广,抵御不良环境的能力强。对温度的要求是:适应温度为 7℃～25℃,适宜温度为 18℃～20℃。对水分条件的要求是:有较湿润的环境,土壤相对湿度为70%～80%,空气相对湿度为 80%～90%。对光照条件的要求是:由于结球甘蓝为长日照植物,因而在未通过低温春化的条件下,长日照有利于营养生长,对光照强度要求不严,不论光照强还是弱,都可正常生长。对营养条件的要求是:甘蓝较喜肥耐肥,全生育期吸收氮、磷、钾的比例为 3∶1∶4,每生产 1000 千克甘蓝,需吸收氮 4.76 千克、磷 1.9 千克、钾 6.53 千克。对土壤条件的要求是:结球甘蓝对土壤的适应性强,而且较耐盐碱,最适宜于保水保肥的中性和微酸性土壤。

(二)育苗技术

1. 播种育苗期　甘蓝对温度的适应性强,而且品种多,一年四季均可栽培。春甘蓝选早熟品种,2 月份育苗,4 月份定植。夏甘蓝虫害严重,而且经济效益低,很少栽培。秋甘蓝一般 6～7 月份播种,经 25 天左右定植,苗期必须有遮阳防雨措施。春季露地甘蓝,在 3 月份播种,5 月份定植。冬、春季在保护地栽培甘蓝,育苗期虽可达 3~4 个月,但应缩短到 1~2 个月,以控制早期抽薹。

2. 品种和播种量 甘蓝的品种很多,早熟品种有中甘 11、8398、报春、元春等,多在早春和春、夏季选用;中熟品种有圆春、东农 605、西园 2 号、杂交种庆丰、中甘 8、东农 609 等,多在春、夏季选用;中晚熟品种有亲丰、秋丰、晚丰、冬冠等,多用于秋季生产。甘蓝育苗每 667 米² 播种量为 30~100 克。

3. 种子消毒与催芽 将选好的种子先用冷水浸湿,再用 45℃的热水搅拌浸烫 10 分钟,然后用温水淘洗干净,在室温下浸种 4 小时,接着再用清水淘洗干净,放在 20℃下保湿催芽。然后每 6 小时翻动 1 次,一般 2~3 天即可出芽。出芽后应及时播种,如不能及时播种,必须降温至 13℃左右,以防胚芽过长。

4. 配制床土与消毒 最好选用种植葱蒜的园田土 5 份,腐熟的马粪 4 份,腐熟粪干粉或鸡粪 1 份,分别过筛后搅拌均匀,然后每立方米床土加 500 克尿素、1500 克过磷酸钙、100 克 40% 多菌灵,充分搅拌均匀后,装入营养钵或纸袋,以备分苗用。在苗床内平铺床土 5 厘米厚,在分苗床内平铺床土 10 厘米厚。

5. 播种与苗期管理 播种前先用温水浇透床土,然后再覆 0.1 厘米左右细土,随后即可播种。播后覆细潮土 1 厘米左右,然后覆盖地膜保湿。秧苗出土前,保持土温 17℃以上、气温 20℃以上,一般经 3 天即可出苗。秧苗出土后,应立即揭膜降温降湿,以防徒长。在叶片上无水珠时,可撒一层细干土(0.2 厘米厚),有利于降湿。长出 2 片真叶,即可分苗。如果在夏季,可采用直播方法,在出苗后进行间苗,苗距以 4 厘米×5 厘米为宜。也可以直接移栽到营养钵或纸袋里,移栽的深度也要保持移栽前的水平。长到 4 叶期进行第二次分苗,苗距 8 厘米×10 厘米。每次分苗前都要先用温水潮润床土,分苗后及时覆盖塑料膜保温保湿,使土温保持在 8℃～20℃,气温保持在 25℃左右。缓苗后,则应揭开塑料膜降温降湿,使土温保持在 12℃左右,气温保持在 15℃～18℃。如果在夏季育苗,必须遮阳降温,而且热雨过后要用井水浇园,以降低土温。

在甘蓝的育苗过程中,不可长期处在 9℃以下,否则定植后会出现早期抽薹现象。此外,对籽苗和幼苗可适当控水、中耕,以促根系发育;到成苗期则不可缺水,在干旱时要进行低温锻炼。在保护地生产,要增加通风量,揭开塑料膜或草苫等覆盖物,白天控温在 13℃～15℃,而且要控水。如果在营养土块(土方)育苗,应割坨囤坨进行低温锻炼,这样的苗抗逆性强,定植后缓苗快。

6. 甘蓝壮苗标准 苗龄 30 天左右,株高 8～12 厘米;叶片 6～8 片,肥厚,呈深绿带紫色;茎粗紫绿色,下胚轴短,节间短;根系发达,须根多,未春化。全株无病虫害,无机械损伤。

7. 育苗注意事项

(1)早期春化 当早甘蓝 3 片叶或晚甘蓝 6 片叶、茎粗 0.6 厘米左右时,遇低于 12℃的低温且达 25～30 天,会出现春化而早抽薹。遇 9℃以下的低温 15 天,就可完成春化阶段。

(2)徒长苗 在阴雨寡照条件下,床土高温高湿,易出现徒长现象,胚轴长,叶片薄而黄绿,叶柄细长,叶间距大。

(3)老化苗 床土干旱或过低土温的时间较长,则易出现秧苗矮小现象,生长慢,叶片小而色黑绿,根系不舒展或呈现锈色。

甘蓝耐低温,适应性强,为防徒长,必须蹲苗。

(三)适时定植

在土壤温度达到 12℃以上时就可定植。定植前,要整地施肥,一般每 667 米² 施优质腐熟粗肥 5 000 千克,普遍撒施后耕翻 20 厘米,然后平整做成垄或高畦。垄(畦)宽 1 米,垄长 6 米,垄中间留一水沟,以备浇水用。如在早春栽培,为了提高地温,可在定植前1周覆膜烤地。定植时,采取一垄双行(一畦双行)的形式,小行距40厘米,株距35厘米,用打孔器按一定株行距打孔定植。如果在冬、春季定植,应选在晴天无风的中午;如果在夏、秋季定植,则应选在阴天或无风的下午。栽苗后要浇水,待水渗下后覆土封埯;也可栽后随即封埯,稍加镇压,随后进行膜下暗灌,以洇湿垄台或畦面为准。

(四)定植后的田间管理

定植后要保温保湿,白天控温在20℃～25℃,夜间保持在15℃左右,同时还要保持土壤湿润。在冬、春季,为了保温,还可再扣小拱棚,或在大棚内定植。经4～6天即可缓苗。缓苗后,应逐渐降温降湿,白天控温在18℃～20℃,夜间保持在13℃左右。不覆膜的还应中耕松土,以促根系发育。为预防缓苗后徒长,可在1～2周内不浇水,实施蹲苗,直到莲座期为止。这样,不但根系发达,茎粗叶片厚,而且茎节短,有利于结球。

从莲座期开始,应适当浇水,促进叶片生长。从结球初期开始,球叶生长加快,需要水肥较多,必须加强水肥管理,保持土壤潮湿。一般7～10天追1次肥,每次随水追施尿素10～12千克。对于越夏的甘蓝,在高温多雨季节,应设法降温降湿。可与玉米、架豆等高秆作物间作套种,也可支遮阳网,或采取下午浇小水的方法,以降低地温。甘蓝畦内不可积水,热雨过后应立即用井水漂园。另外,在甘蓝包心的盛期,不可突然浇大水,否则易出现裂球现象。

(五)适时采收

当甘蓝叶球充分长大,但还未特别结实的时候,就可采收。有时甘蓝的成熟度不等,可先采收大球,后采收小球,前后一般不超过1周时间。在早春或秋天蔬菜淡季,为了适应市场行情,可适当早收,连阴雨天也应适当早收。采收的方法,可以连根拔起,也可以用刀从地表处割下,然后去掉叶球的外叶,只留近叶球的 2～3 片嫩叶,然后包装上市。

(六)甘蓝生产历程

甘蓝生产历程,如表 3-7 所示。

表 3-7　甘蓝生产历程

栽培形式	播种期	定植期	采收期
阳畦春茬	12 月上旬至 12 月下旬	翌年 2 月下旬至 3 月上旬	4 月下旬至 5 月中旬
早春露地	1 月中旬至 2 月中旬	4 月上旬至 4 月中旬	6 月中旬至 7 月上旬
夏　播	5 月上旬至 6 月上旬	6 月下旬至 7 月上旬	9 月上旬至 9 月下旬
秋　播	6 月中旬至 7 月上旬	7 月下旬至 8 月上旬	10 月上旬至 11 月中旬
冬露地越冬	8 月上旬至 8 月中旬	9 月下旬至 10 月上旬	翌年 2 月上旬至 3 月中旬
春露地	3 月上旬	5 月上旬	6 月下旬
恋秋茬	4 月上旬至 5 月上旬	5 月下旬至 6 月下旬	7 月下旬至 9 月下旬
秋延后	4 月下旬至 5 月中旬	6 月中旬至 7 月上旬	8 月中旬至 11 月上旬

(七)病虫害防治

1. 甘蓝霜霉病　甘蓝霜霉病,除危害甘蓝外,还可危害芥蓝,抱子甘蓝及球茎甘蓝。

(1)发病条件　甘蓝霜霉病属于真菌性病害。病菌在土壤中或病残体上越冬,通过叶片表皮侵入植株,借助于气流传播。当气温在 16℃～24℃、空气相对湿度为 70%～75% 时,则易发病。

(2)主要症状　甘蓝霜霉病危害叶片。病叶有浅绿斑,受叶脉限制而呈多角形斑,逐渐变成中央凹陷的紫褐斑,潮湿时生白霉,干燥时叶片干枯。

(3)防治措施　一是选用抗病品种。二是对种子进行消毒,用种子重量 0.3% 的甲霜灵可湿性粉剂拌种。三是适时早播,合理密植,预防低温高湿。四是药剂防治。喷施 64% 噁霜·锰锌可湿性粉剂 500 倍液,或 40% 三乙膦酸铝可湿性粉剂 200 倍液,或 75% 百菌清可湿性粉剂 500 倍液。为提高植株抗病性,还可喷施植宝素 6000 倍液。

2. 甘蓝黑腐病

(1)发病条件 甘蓝黑腐病属于细菌性病害。病菌在种子里或病残体上越冬,通过茎叶的伤口或叶缘的小孔直接侵入植株(如果种子带菌则直接产生病株),借助育苗或风雨进行传播。在高温高湿条件下,一般连作偏氮的地块易发病。

(2)主要症状 甘蓝黑腐病危害叶片和茎。病叶上有浅褐斑,叶缘有 V 形水浸斑,随着逐渐扩展而使叶片枯黄,有时甚至穿孔。病茎的维管束变黑,有的腐烂,干燥时茎呈黑心或干腐状,植株受病茎影响而萎蔫。

(3)防治措施 一是实行 3 年以上菜田轮作。二是对种子进行消毒,在 50℃ 水中浸种 20 分钟。三是实行无土育苗或无菌土育苗。四是加强田间管理,预防高温高湿。五是药剂防治。用 72% 硫酸链霉素可溶性粉剂 4000 倍液喷雾,或用 77% 氢氧化铜可湿性粉剂 500 倍液喷雾。

3. 甘蓝病毒病

(1)发病条件 甘蓝病毒病是由病毒引起的传染病。病毒在病残体上或寄主内越冬,通过接触侵入植株,借助于蚜虫、田间作业或汁液进行传播。在高温干旱、有蚜虫的条件下,易发此病。

(2)主要症状 甘蓝病毒病危害叶片。病叶上有浅绿色圆斑,后期叶片呈花叶状,老叶的背面有黑色坏死斑,造成不结球或球松散。

(3)防治措施 一是实行菜田轮作。二是选用抗病品种。三是加强田间管理,预防高温干旱。四是药剂防治。及时防治蚜虫,喷施 20% 吗胍·乙酸铜可湿性粉剂 500 倍液,或喷施 1.5% 烷醇

· 硫酸铜 1000 倍液。

4. 甘蓝虫害　甘蓝虫害主要有：小菜蛾蚕食叶球，菜青虫咬食叶片，蚜虫吸食汁液。对菜青虫和小菜蛾的防治，可用敌百虫800 倍液喷雾，也可喷施青虫菌进行以菌治虫。防治蚜虫，可用20％乐果乳剂 800 倍液进行喷雾。

十一、花椰菜

花椰菜，也称菜花、花菜。

（一）生物学特性

1. 形态特征　花椰菜属于十字花科芸薹属结花球的草本植物。花椰菜根系发达，须根多。茎粗短，呈白色圆柱状，茎的四周着生花薹和花枝，其顶端着生短缩的花蕾，共同聚合组成花球。叶片狭长，绿色，有皱有蜡粉，随着花球的生长，内叶自然卷曲或扭转保护花球。花呈黄色，十字形小花着生在花茎上，下面有伸长的花枝。果为角果，成熟后开裂。种子圆球形，黑褐色，千粒重 2.5～4克。

2. 对环境条件的要求　花椰菜为半耐寒性蔬菜，喜冷凉气候。对温度的要求是：生长适应温度范围为 6℃～26℃，生长适宜温度为 16℃～22℃，超过 24℃则产品质量不佳。对水分条件的要求是：花椰菜耐旱不耐涝，喜湿润条件，尤其在花球期供水必须充足。对光照条件的要求是：喜弱光和长日照，尤其是在花球膨大期，不可让阳光直接照射，否则花球淡黄或变绿，生长小叶，营养和商品价值下降。对营养条件的要求是：花椰菜对营养条件要求较高，营养生长期需要较多氮肥，进入花球发育期还需较多磷肥和钾肥。每生产 1000 千克花椰菜，需氮 6.17 千克、磷 2.73 千克、钾5.57 千克，还需要适量的硼。如果营养不足，则花球开裂，味苦变褐。对土壤条件的要求是：土壤要深厚疏松，保水保肥，富含有机质。

（二）育苗技术

1. 播种和育苗期　花椰菜喜温暖湿润环境，既较耐低温，又可在遮阳防雨的夏季生长，春、夏、秋三季在露地都可栽培。必须选用适宜的品种：春花椰菜选早熟品种，可在 3～4 月份育苗，5 月份定植；夏花椰菜可在 6～7 月份育苗，苗龄 25 天定植（必须有遮阳防雨措施）；秋花椰菜多用生育期长的中晚熟品种，可在 7 月育苗，8 月初定植；冬季假植的花椰菜，播种期较秋花椰菜的播种期晚半个月左右。

2. 品种选择与播量　花椰菜的品种选择比较严格。春季栽培的品种有瑞士雪球、法国菜花、荷兰早等；夏季栽培的品种有白峰、夏雪 40、夏雪 50 等；秋季和冬季假植的品种有荷兰雪球、日本雪山等。花椰菜生产一般都进行育苗移栽，每 667 米^2 播种量在 20～25 克。

3. 种子消毒与催芽　将种子放在 30℃～40℃的水中进行搅拌浸种 15 分钟，同时除去瘪籽，然后在室温的水中浸泡 5 小时左右，再用清水淘洗干净，放置在 25℃条件下保湿催芽。而后每 6 小时用 25℃温水淘洗 1 次，并将种子上下翻动，使其温湿度均匀，一般经 2～3 天即可出芽。

4. 床土配制与消毒　用肥沃的园田土 6 份，过筛的腐熟马粪 3 份，腐熟的大粪干或猪粪 1 份，均匀混合后平铺在苗床里（5 厘米厚）。床土消毒，可用配制的药土。药土的配制方法是：用 50%甲基硫菌灵或 50%多菌灵粉，以 1：100 比例与细土混匀，即成药土。播种前，先普撒 1/3 药土，播完后再普撒 2/3 药土即可。

5. 播种与苗期管理　当床土温度稳定在 13℃以上、气温稳定在 15℃以上时，即可播种。播种方法和程序是：先浇足底水，然后每平方米床土上撒 10 千克药土,接着进行播种,一般每平方米播种量为 10 克左右。播后,每平方米再覆 5 千克药土,然后再覆盖0.5 厘米厚的细土,最后覆盖地膜保湿。出苗前,保持气温 20℃;出苗后,则揭开地膜,使气温降至 15℃～18℃。在子叶展开后间苗,苗距 2～3 厘米,也可进行第一次分苗。当幼苗长到 3～4 片真叶时,即可进行分苗,或称第二次分苗。一般往营养钵、纸袋或营养土块里分苗。分苗前,床土要用温水浇透;分苗后,要及时搭盖塑料小拱棚,保持 20℃左右的气温,并保持土壤湿润。缓苗后,揭开塑料小拱棚降温降湿,气温保持在 15℃～18℃。

夏、秋季花椰菜的播种期,正是高温多雨季节,必须加大播种量,一般达 50 克左右,并要采取遮阳降温和防雨措施。同时,夏季多采取直播育苗,苗龄一般在 20～25 天。在苗期的田间管理中,不可伤根,以防病毒病。下雨时要及时排水防涝,热雨过后必须涝浇园,降低土温,以利于培育壮苗。

6. 花椰菜的壮苗标准 一般壮秧的苗龄,春苗为 50 天左右,夏播苗为 25 天左右。壮苗的株高 15 厘米左右,具有 5～6 片真叶,叶色浓绿稍有蜡粉,叶片大而肥厚,节间短,叶柄也短,根系发达,须根多,全株无病虫害和无机械损伤。

7. 育苗注意事项 在育苗期,首先要注意温湿度调节。在干旱低温条件下,易形成小老苗,小老苗的子叶小,而且多呈畸形。如果高温寡照,则易形成徒长苗,秧苗细弱,胚轴长,子叶细长,这样的秧苗容易患病。如果苗期缺少氮肥,或移苗时伤根,都会影响产量,而且花球小,质量不佳。因此,在苗期要注意营养供给,加强田间管理。另外,春季培育的秧苗,在定植前还应适当炼苗,以适应定植环境。

(三)定 植

定植前先施肥整地。每 667 米^2 施腐熟的优质粗肥 6 000 千克、过磷酸钙 40 千克,并用钼酸铵 50 克对水 50 升喷施于粗肥上进行均匀混合。普撒肥料后,耕翻地 20 厘米,然后做成大垄或高畦。垄(畦)宽 1.2 米,大垄中间开 1 条水沟,并覆盖地膜,以备膜下暗灌。

当地温稳定在 12℃ 以上、气温稳定在 15℃ 以上时,就可以定植。定植采用大垄双行和复畦双行、内紧外松的定植方法。小行距 50 厘米,株距 45～50 厘米,按一定株行距打孔后栽苗。然后浇水,待水渗下后封埯。也可打孔栽苗后先封埯,然后顺水沟进行膜下暗灌,以水洇透垄背(畦面)为准。注意栽苗时不可伤根。早春栽苗需趁气温高时进行,夏秋栽苗应选阴天或晴天下午气温不太高时进行。一般气温不宜超过 25℃,地温不宜超过 20℃。

(四)田间管理

对于春、秋季定植的花椰菜,在定植缓苗后,应适当降温降湿,并进行中耕蹲苗 6～10 天,然后再恢复水肥管理。对于夏季高温期定植的较耐热花椰菜,如白峰、夏雪 40 等品种,应该一促到底,不进行蹲苗。

在水肥管理方面,在缓苗后应追施壮棵肥,每 667 米² 施尿素 10 千克,随水撒施;在莲座后期(现花球前期),每 667 米² 随水追施尿素 15 千克。花母(花球)形成初期,为了促使花球生长而不开裂,可在根外喷 0.2%～0.5% 硼肥。从花球形成开始,就要保持土壤湿润,一般每周浇水 1 次,每 2 周追肥 1 次。

花椰菜的花球需要遮阳,否则会变黄老化。遮阳的方法是:当花球 5～8 厘米大小时,从本植株上选一个较宽大的外叶向花球方向折断,覆盖着花球即可,也可用干净的青草覆盖。

对于越夏生长的花椰菜,必须设法降温,可与高秆作物间作套种,也可采用支遮阳网等措施。在热雨过后,一定要涝浇园,并且要防止草荒。

(五)采 收

一般花球形成后 1 个月就可采收。采收的标准是:花球充分长大,洁白平整,边缘不散。对较耐高温的越夏花椰菜,如夏雪40、夏雪50、白峰等品种,必须及时采收,否则易散球或黄化,影响品质。另外,当气温高于 25℃ 或低于 8℃ 时,会影响花椰菜的生长和结球,应及时采收。

采收的方法是:割掉根部,保留 3～5 片嫩叶即可上市。晾晒半天,待气温下降,产品冷凉后装在塑料袋内,放置在 2℃～3℃ 条件下,可保鲜 30～40 天。

(六)栽培注意事项

1. 高低温的危害 低温干旱,易形成老小苗,气温低于 8℃ 则停止生长。气温高于 25℃,则易老化、散球,影响质量。温度过低、过高或重雾天气,易造成毛花球。

2. 缺肥的危害 缺钾,易患黑心病;缺硼,花球易开裂,并有褐斑;缺镁,叶片变黄,而且花球味苦;缺氮肥或伤根,则易影响花球生长。

3. 水分不正常的危害 高温干旱则叶小,叶柄长,茎的节间距长,花球小而散;过于潮湿,也易散球。

(七)冬季假植花椰菜

冬季假植花椰菜的做法是:一般在 10 月下旬,气温降至3℃～5℃时,将花球直径 10 厘米左右的花椰菜浇透水,然后连根拔起,摘掉外层的病、老、黄残叶片,再一株挨一株地密植在菜窖里或棚室内,并将根部培土固定,控制温度在 5℃～8℃ 之间,保持土壤潮湿,经常喷水,以保持空气的相对湿度在 90% 左右。一般假植 2 个月左右,花球可增重 1 倍以上。当花球达到商品成熟度时,就可上市销售。

(八)花椰菜生产历程

花椰菜的生产历程,如表 3-8 所示。

表 3-8 花椰菜生产历程

栽培形式	播种期	定植期	采收期
春 温 室	12 月下旬至翌年 1 月上旬	3 月上旬至 3 月下旬	5 月上旬至 6 月中旬
春 棚	1 月上旬至 1 月中旬	4 月上旬至 4 月中旬	6 月上旬至 7 月上旬
春 露 地	3 月上旬至 4 月上旬	4 月下旬至 5 月上旬	6 月中旬至 7 月上旬
夏 播	6 月中旬至 6 月下旬	7 月中旬至 7 月下旬	9 月中旬至 10 月下旬
秋 播	6 月下旬至 7 月中旬	8 月上旬至 8 月下旬	10 月中旬至 11 月上旬
冬 假 植	7 月中旬至 8 月上旬	8 月下旬至 9 月上旬	11 月中旬至翌年 2 月上旬

(九)病虫害防治

1. 花椰菜黑胫病(又称根朽病)

(1)发病条件 花椰菜黑胫病属于真菌性病害。病菌可在种子上、土壤里或病残体上越冬,通过茎叶的表皮组织直接侵入植株,如果种子带菌则直接产生病株,借助育苗、雨水或昆虫进行传播。在高温、高湿或雨后高温条件下,则易发病。

(2)主要症状 花椰菜黑胫病危害叶片、茎和根。染病的茎、叶有圆形灰白斑,并散生小黑点。病根有紫褐色条斑,维管束变黑,有时引起根系腐烂,进而引起地上茎、叶枯萎死亡。

(3)防治措施 一是对种子进行消毒,用 50℃水浸种 20 分钟,或者用种子重量的 0.4% 的 5% 福美双可湿性粉剂拌种。二是对床土进行消毒,每平方米用 8 克 40% 福美双和 8 克 50% 多菌灵混成药土,播种前先撒 1/3 药土,播种后再撒 2/3 药土。三是加强田间管理,预防高温、高湿和虫害。四是发病初期喷施 70% 百菌清可湿性粉剂 600 倍液。

2. 菌 核 病

（1）发病条件　菌核病属于真菌性病害。菌核在土中或混在种子中越冬，在冷凉、高湿条件下发病严重，在气温 15℃～20℃、空气相对湿度 85％以上时易流行，并且可借助气流传播蔓延。

（2）主要症状　菌核病主要危害茎和叶片，病部有水渍状褐斑，潮湿时腐烂，表面密生白霉，逐渐形成黑色鼠粪状菌核。

（3）防治措施　一是对种子进行消毒，先用 10％盐水精选，除去菌核后用清水洗净晾干，而后再用于播种。二是实行 3 年以上菜田轮作。三是覆盖地膜，阻挡菌核的子囊盘出土。四是发病初期喷 50％腐霉利可湿性粉剂 1 000 倍液，或 40％菌核净可湿性粉剂 500 倍液；棚室内可用 10％腐霉利烟剂熏治，每 667 米² 每次用药 250 克。

3. 花椰菜黑腐病

（1）发病条件　花椰菜黑腐病属于细菌性病害。病菌在种子上或病残体上越冬，通过叶片表皮或伤口直接侵入植株，如种子带菌则直接产生病体，借助于灌溉、田间作业及昆虫进行传播。当气温在 25℃～30℃条件下，管理粗放的地块易发此病。

（2）主要症状　花椰菜黑腐病主要危害叶片，病叶的叶缘有"V"字形黄褐色枯斑，并沿叶脉发展形成网状黄脉，维管束变褐，叶片干腐。有时此病同软腐病同时发生，造成茎叶腐烂。

（3）防治措施　一是实行菜田轮作。二是对种子进行消毒，可用 50℃热水搅拌烫种 15 分钟，也可用硫酸链霉素 1 000 倍液浸种 2 小时。三是着重加强田间管理，预防高温和虫害。四是发病初期喷 200 毫克/千克的硫酸链霉素。

4. 花椰菜虫害　危害花椰菜的害虫，主要有蚜虫、菜青虫和菜蛾等，防治办法可参考对结球甘蓝害虫的防治措施。

十二、青花菜

青花菜、又称青菜花、西兰花、绿菜花,茎椰菜,或称意大利芥蓝。

(一)生物学特性

1. 形态特征　青花菜属于十字花科芸薹属,是以绿色花球为产品的甘蓝的一个变种,为1～2年生草本植物。青花菜的根、茎、叶、植株形状及开花情况,都与普通花椰菜相似。所不同的是,叶色蓝绿,叶柄较长,叶片上蜡粉较多,植株的分枝较多,花球为绿色,而且主茎上花球最大(称为主花球),侧枝上花球较小(叫侧花球),一般主花球收获后侧花球才开始生长。花球包括幼嫩的花茎、肉质的花梗和全部的花蕾。花序为复总状花序,小花着生在花薹上,有较长的花枝。果实为角果,成熟后开裂。种子圆球形,千粒重3～4.5克。

2. 对环境条件的要求　青花菜喜温和湿润的环境,不耐热,怕霜冻,生长的适温在15℃～20℃,气温低于10℃和高于25℃都影响生长发育。在高温条件下,花薹发育快,花球易散,叶片也变细而呈柳叶状,影响品质和产量。对水分要求较多,全生育期都必须保持土壤湿润,如遇干旱,则易出现早期抽薹现象。对光照要求不严,但长日照可促进花蕾发育。对营养要求较高,不但需要较多的氮、磷、钾肥,而且对钼、镁、硼等微量元素也很敏感。适于在土质肥沃、保水保肥和中性偏碱土壤里栽培。

(二)播种育苗

1. 品种选择　较耐寒的早熟品种有绿岭、里绿、绿彗星、翠光、王冠等,这些品种结球紧密,较抗病,适于在保护地和露地栽培。

2. 配制床土 用 4 份腐熟过筛的粗粪、2 份腐熟的马粪和 4 份肥沃的园田土,再按每立方米床土加 20 千克复合肥,充分混合均匀后,装进营养钵内准备育苗,也可在苗床上平铺床土 5 厘米厚,以备播种。

3. 播种育苗 青花菜一年四季都可以栽培,基本可分为冬春保护地栽培与秋延后栽培,春、夏、秋还可进行露地栽培。一般播种后 25～45 天就可定植。确定移栽定植期后,就可往前推算出播种期。冬季播种,一般地温稳定在 12℃ 以上、气温在 15℃ 以上就可播种。在播种方式上,既可以干播,又可浸种催芽(浸种催芽方法同花椰菜)。

播种时先浇足底水,待水渗下后再覆盖 0.5 厘米厚的细土,然后每个营养钵内播 2 粒发芽种子。在床土上育苗,则撒播种子,随后覆盖 0.5～0.8 厘米厚细土,放置在 25℃～28℃ 条件下保湿促苗。每 667 米² 播种量 25 克左右,2～3 天即可出苗。出苗后,降温降湿,并进行浅层松土,以促生根。在育苗床上播种的,在子叶展平后应进行间苗,苗距 2～3 厘米。在幼苗长至 3～4 叶期则进行分苗(即第二次间苗),或直接往营养钵内移栽(每钵栽 1 株壮苗)。在幼苗长至 3～4 叶期也要定苗,每钵留 1 株壮苗。

在夏秋季播种青花菜,正值高温多雨季节,所以必须加大播种量(一般每 667 米² 需 30～50 克),同时还要采取遮阳降温防雨措施。也可采取干种直播法,苗龄一般 25 天左右。苗期管理时不可伤根,以防病毒病。下雨时要及时排水防涝,热雨过后要涝浇园,以降地温。

青花菜的壮苗标准及育苗时应注意事项,与花椰菜相同。

(三)定植与田间管理

定植前先施肥整地,每 667 米² 施优质腐熟粗粪 5 000 千克和磷、钾复合肥 30 千克。普施肥料后,耕翻土地做成 1.2 米宽大垄,垄中间开一水沟,然后覆膜烤地。待地温稳定在 12℃以上、气温在 20℃左右时,就可定植。

青花菜定植,采用大垄双行、内紧外松的方法。每大垄栽 2 行,小行距 50 厘米,株距 45 厘米,打孔栽苗。然后,按墩浇透坐苗水,水渗下后覆土封墩。也可先栽苗封墩,稍作镇压后,再按垄进行膜下暗灌,以水能洇湿垄台为宜。

定植后要保温保湿,冬春还可扣小拱棚保温。一般 4~6 天缓苗,缓苗后就可通风,适当降温降湿。露地栽培的还应中耕松土,促根系发育。缓苗后 10 天左右应加强水肥管理,每 667 米² 随水施尿素 15 千克,磷、钾复合肥 20 千克。花球现蕾初期,还应叶面喷施硼肥和钼肥,浓度为 0.2% 左右。在主花球未长出前,要去掉所有侧枝。当主花球长到 4~5 厘米大小时,再追肥浇水,每 667 米² 施尿素 15 千克,磷、钾复合肥 15 千克。每隔 6~7 天喷 1 次 0.5% 尿素和 0.2% 硼砂水,以利于主球快速生长和侧枝上芽球的发育,并且可以减少病害发生。在棚室内冬春生产,要注意防止塑料膜上的冷水滴到花球上,以防花球腐烂。在夏季高湿高温季节,既要及时排水防涝,又必须在热雨过后进行涝浇园。

(四)适时采收

当花球长大,小花蕾充分膨大,花球边缘的小花蕾有疏散的倾向时,就应及时采收。同一植株上的花球必须分次采收,先采收主花球,然后采收侧花球。采收时,每个花球外留 3~4 片小叶,以保护花球。主花球采收后,继续加强水肥管理,然后参照主花球标准,再采收侧花球。青花菜不耐贮运,所以采收后应及时上市。如装在塑料袋内,放在 1℃~2℃条件下,可保鲜 6~7 天。

（五）病虫害防治

1. 霜霉病 属于真菌性病害,染病的叶片有浅褐色多角形病斑,严重时黄叶有黑色霉状物。防治措施是预防高湿和叶面结霜,发病初期可喷75%百菌清可湿性粉剂500倍液。

2. 黑腐病 属于细菌性病害,染病的叶脉变黑,叶片变黄,维管束变黑腐烂。防治措施是:进行3年以上菜田轮作;在移苗和田间管理时不要伤及根系;生长期注意水肥管理,防止土壤过干或沥涝;发病初期可喷施200毫克/千克的硫酸链霉素。

3. 虫害 青花菜的害虫,主要有菜青虫和蚜虫,可喷施青虫菌或杀螟杆菌治虫,也可喷90%晶体敌百虫800倍液。防治蚜虫,还可喷乐果乳油或用黄色机油板诱杀。

十三、大 白 菜

大白菜,又称结球白菜。

（一）生物学特性

1. 形态特征 大白菜属于十字花科芸薹属能形成叶球的草本植物。它根系发达,有肥大的肉质直根和发达的侧根。茎粗大短缩,进入生殖生长期抽生花茎,花茎上端有分枝,花茎浅绿色,有蜡粉。叶片主要是中生叶,叶呈倒披针形,互生在短缩茎上,有叶翅而无叶柄,叶片绿色,大而薄,多皱有网状叶脉。花为总状花序,十字形,黄色,完全花。果为圆筒形长角果,有果柄,成熟时纵裂。种子为紫褐色圆球形,千粒重2.5～4.2克。

2. 对环境条件的要求 大白菜为半耐寒性植物,不同品种和类型之间差异很大。对温度条件的要求是:生长的适应温度为5℃～30℃,适宜温度为15℃～23℃,在发芽和幼苗期要求温度稍高。对湿度条件的要求是：营养生长期需要水分较多，要求土壤潮湿，苗期较耐旱，开花结荚期喜空气干燥的晴天。对光照条件的要求是：在不同品种及不同生育阶段，要求光照条件不同，长日照有利于叶片展开，短日照有利于叶片直立抱球。对营养条件的要求是：大白菜对氮素敏感，对氮、磷、钾吸收的比例为 1：0.47：1.33。为防止生理性病害，在营养生长时期还要施硼和钙、锰等微肥。每生产 1 000 千克大白菜，需要氮 1.5 千克、磷 0.7 千克、钾 2 千克。对土壤条件的要求是：大白菜对土壤的要求较严，最适宜的为土层深厚肥沃、易保水保肥的土壤或轻黏土壤，土壤酸碱度以中性为好。

（二）育苗技术

1. 播种育苗期　我国北方多栽培秋季结球白菜，作为冬贮菜用。结球白菜既要求有温和的气候，在幼苗期又较耐寒抗热，可以在气温较高或较低的季节播种。我国北方多在 8 月份播种，而且多采用直播。如果因土地腾茬困难，则应育苗移栽，一般苗龄 20 天左右。对于结球白菜的早熟品种，最好采取直播法。

2. 品种和播种量　大白菜早熟品种有春时极早生、卷翠、韩国白菜、热抗白 45、四季王白菜、春秋 54、韩国快白菜、小杂 55 与 56、鲁白 1 号、连早等。中熟品种有鲁白 2 号、辽丰等。中晚熟品种有核桃纹、冀杂 1 号、冀菜 3 号、晋菜 2 号、玉青、麻叶、二包头等。每 667 米² 播种量 100 克左右。

3. 苗床准备　因结球白菜育苗期短，生长快，所以多用做畦法育苗。每定植 667 米² 生产田，需用秧苗畦 30 米²，可以在生产田内就地做高畦。在每 30 米² 的畦内施用腐熟厩肥 50 千克、过磷酸钙 1 千克、尿素 0.5 千克，再适当掺些细沙或草木灰。肥料普撒均匀后，耕翻菜地 15 厘米深，耙平后做出的畦面应高出地面 10 厘米左右，以防积水沥涝。

4. 播种和苗期管理　在立秋前 5～7 天播种,在露地直播育苗需提早 5～6 天。播种前先将床面轻轻镇压,按 10 厘米行距划 1 厘米深的浅沟,将种子均匀播在沟内,然后覆土盖匀,保持土壤潮湿,经 3～4 天即可出苗。也可在播前浇底水,水渗下后按畦撒播种子,随后盖上 1 厘米厚的细土,保持土表湿润(干时可喷水),经 3～4 天即可出苗。为防止暴晒和大雨冲刷,应有遮阳防雨措施,如支塑料棚、扣遮阳网等。为了兼防蚜虫,最好用银灰色遮阳网。发现土表干裂,要及时喷水降温,保持潮湿。当幼苗长到 2 片真叶时,进行第一次间苗,株距 3～4 厘米。当幼苗长到 3～4 片真叶时,进行第二次间苗,株距 10 厘米左右。同时,要中耕除草,以蹲苗促根,及时防治虫害。在幼苗长到 5～6 片叶时,即可定苗或定植。

5. 结球白菜壮苗标准　株高 10～15 厘米,叶色深绿,5～6 片叶轮生而匀称,根系发达,无病虫害和机械损伤,品种无混杂现象。

6. 春季栽培结球白菜注意事项　一般在春季栽培结球白菜,必须提前 1 个月在温室或阳畦塑料棚内育苗,而且要有保温防寒设施,保证地温在 12℃以上、气温在 15℃以上,以避免低温条件下出现早期抽薹现象。

(三)定植与田间管理

1. 选地施肥整地　大白菜的前茬以葱蒜和豆类为好,切忌十字花科蔬菜茬。每 667 米^2 施腐熟优质粗肥 5 000 千克,磷、钾复合肥 30 千克。肥料普撒后耕翻菜地 20 厘米,然后做垄,垄距 60 厘米,垄高 20 厘米,并将垄背推平,以备直接播种或定植。

2. 播种或定植　秋大白菜一般在 8 月上旬直播,如果育苗可提前 5～6 天播种。要造墒播种,直播和定植的株穴距为 40 厘米,每穴 3～5 粒种子。播后经 3～4 天即可出苗,在 7～8 天后进行间苗,在 4 叶期进行第二次间苗,每穴留 2 株。在 6～8 叶期(团棵前期),即可定苗,每穴留1株壮苗。如育苗移栽,每穴栽1株壮苗,栽后浇水封埯,经5～6天即可缓苗。如果在阴天移栽或栽后有小雨,则1～2天就缓苗。

缓苗后要及时中耕松土,以促根系生长和蹲苗。进入团棵期,每667米^{2}可穴施尿素10千克,过磷酸钙10千克,封埯后浇水促团棵,浇水以能洇湿垄背为准,不可大水漫灌。下雨过后,必须及时排水。

3. 田间管理　大白菜莲座期26～28天,是大白菜增加叶片数的关键期,其后期必须加强水肥管理,尤其土壤不可干旱。结球期35～45天,这是需要水肥的盛期。从抽筒期开始就要追施灌心肥,每667米^{2}可施尿素15千克或人粪尿1000千克。结球初期应追施结球肥,每667米^{2}可施尿素15千克;同时还应对叶面喷肥,比如可喷施0.2%磷酸二氢钾和0.2%尿素等,以促大白菜抱心。为了防止干烧心,除要增施磷、钾肥外,在莲座期和包心期还应喷施0.7%氯化钙。

在田间作业时一定不要损伤叶片,中耕时不可损伤根部。浇水时不可大水漫灌,以预防软腐病害。在霜降前可以人工捆菜,以助包心。

收获期一般在11月中下旬,气温低于5℃时则应及时收获。

(四)病虫害防治

1. 大白菜霜霉病(又称霜叶病或枝干病)

(1)发病条件　大白菜霜霉病属于真菌性病害。病菌在病残体或土壤中越冬,或附着在种子上,通过叶片的气孔侵入,如种子上带菌则直接产生病体,借助风雨或育苗等传播。当气温在16℃～24℃、空气相对湿度为70%～80%时,最易发病。

(2)主要症状　从苗期到包心期或种株开花到结荚期均易发病,危害子叶、真叶、花及种荚。苗期致子叶或嫩茎变黄后枯死。

真叶发病多始于下部叶背,初生水浸状淡黄色周缘不明显的斑,水浸状病斑持续较长时间后,病部在湿度大或有露水时长出白霉,或形成多角形病斑。一般品种先在叶面出现淡绿色斑点,逐渐扩大为黄褐色,枯死后变为褐色,病斑受叶脉限制呈不整形或多角形,直径 5～12 毫米不等。叶色深绿型的抗病品种发病迟,扩展缓慢,病斑小,白霉少。种荚染病长出白色稀疏霉层。

(3)防治措施 一是选用抗霜霉病品种或杂种一代,精选种子及种子消毒。二是选无病株留种,或对种子进行消毒,播种前用种子重量 0.3% 的 25% 甲霜灵可湿性粉剂拌种。三是实行 2 年以上轮作。四是实行深翻垄作,加强田间管理,预防高湿和伤根。五是药剂防治。可用 70% 乙铝・锰锌可湿性粉剂 500 倍液,或 72% 霜脲・锰锌可湿性粉剂 600 倍液,或 55% 福・烯酰可湿性粉剂 700 倍液,或 70% 丙森锌可湿性粉剂 700 倍液。每 667 米^2 喷对好的药液 70 升,隔 7 ～ 10 天 1 次,连防 2～3 次。霜霉病、白斑病混发地区可选用 60% 乙铝・多菌灵可湿性粉剂 600 倍液兼治两病效果明显。

2. 大白菜黑斑病

(1)发病条件 大白菜黑斑病属于真菌性病害。病菌在病残体或土壤中越冬,或附着在种子上,通过叶片的气孔侵入,如种子上带菌则直接产生病体,借助风雨或育苗等传播。当气温在 12℃～20℃、空气相对湿度为 70%～90% 时,则易发病。品种间抗性有差异,但未见免疫品种。

(2)主要症状 大白菜黑斑病危害叶片。病叶上有圆形褪绿斑,逐渐变成有同心轮纹的黄褐斑,潮湿时有褐色霉层,干燥时病斑易穿孔,叶片由外向内干枯。

(3)防治措施 一是尽量选用适合当地的抗黑斑病品种。目前北京新 1 号、2 号,中熟 5 号,石丰 88,郑白 4 号,郑杂 2 号,北京 88 号,津青 9 号,双青 156,晋菜 3 号,太原 2 号,天正超白 2 号,天正秋白 1 号,青庆等较抗黑斑病。二是对种子进行消毒,用 50℃

温水浸种 25 分钟,冷却晾干后播种,或用种子重量 0.4% 的 50% 福美双可湿性粉剂拌种,或用种子重量 0.2%~0.3% 的 50% 异菌脲可湿性粉剂拌种。三是与非十字花科蔬菜轮作 2~3 年。四是施足腐熟有机肥或有机活性肥,增施磷、钾肥,有条件的采用配方施肥。五是药剂防治。喷施 3% 多抗霉素水剂 700~800 倍液,或 50% 异菌·福美双可湿性粉剂 700 倍液,或 75% 百菌清可湿性粉剂 500~600 倍液,或 70% 丙森锌可湿性粉剂 700 倍液,或 50% 异菌脲可湿性粉剂 1 000 倍液。在黑斑病与霜霉病混发时,可选用 70% 乙铝·锰锌可湿性粉剂 500 倍液,或 58% 甲霜·锰锌可湿性粉剂 500 倍液,每 667 米² 喷对好的药液 60~70 升,隔 7 天左右 1 次,连续防治 3~4 次。

3. 大白菜炭疽病

(1)发病条件　大白菜炭疽病属于真菌性病害。病菌在病残体或种子上越冬,通过叶片的表皮或气孔侵入植株,如果种子带菌则直接产生病体,借助风雨或育苗进行传播。在气温26℃~30℃、空气相对湿度为 80% 以上的高温高湿条件下,则易发病。

(2)主要症状　主要危害叶片、花梗及种荚。叶片染病,初生苍白色或褪绿水浸状小斑点,扩大后为圆形或近圆形灰褐色斑,中央略下陷,呈薄纸状,边缘褐色,微隆起,直径 1~3 毫米。发病后期,病斑灰白色,半透明,易穿孔;在叶背多危害叶脉,形成长短不一略向下凹陷的条状褐斑。叶柄、花梗及种荚染病,形成长圆或纺锤形至梭形凹陷褐色至灰褐色斑,湿度大时,病斑上常有赭红色黏质物。

(3)防治措施　一是选用抗病品种。二是选用无病种子,或在播种前用 50℃ 温水浸种 10 分钟,或用种子重量 0.4% 的 50% 多菌灵可湿性粉剂拌种。三是与非十字花科蔬菜隔年轮作。四是发病较重的地区,应适期晚播,避开高温多雨季节,控制莲座期的水肥。五是加强田间管理,预防高温高湿。六是药剂防治。发病初期开始喷洒抗生素 2507 稀释 1 500 倍液,或 25％溴菌腈可湿性粉剂 500 倍液,或 25％咪鲜胺乳油 1 000 倍液,或 50％咪鲜胺锰盐可湿性粉剂 1 500 倍液,或 30％苯噻氰乳油 1 300 倍液。每 667 米² 喷对好的药液 60 升,隔 7 ～ 10 天 1 次,连续防治 2～ 3 次。

4. 大白菜叶腐病(又称叶片腐烂病)

(1)发病条件　大白菜叶腐病属于真菌性病害。病菌在病残体上或土壤中越冬,通过叶片的伤口侵入植株,借助风雨和田间作业进行传染。在气温 28℃～32℃、空气相对湿度 80％以上的湿闷多雨条件下,则易发病。偏施氮肥地方发病重。

(2)主要症状　大白菜叶腐病主要危害叶片和根、茎部。病叶呈水煮状湿腐,逐渐变成灰绿色腐烂状,只残留部分叶脉,干燥时变成灰色。染病的根、茎呈腐烂状,并生有白色菌丝,后期有的变成棕色菌核。

(3)防治措施　一是加强肥水管理,喷施植宝素等生长促进剂促植株早生快发;注意勿偏施氮肥,并适度浇水,避免田间湿度过大,控制病害发展。二是加强检查,及时拔除中心病株烧毁,并喷洒 30％苯噻氰乳油 1 300 倍液,或 35％甲霜·福美双可湿性粉剂 900 倍液。每 667 米² 喷对好的药液 50 升,隔 7～10 天 1 次,连续防治 2～3 次。

5. 大白菜根肿病

(1)发病条件　大白菜根肿病属于真菌性病害。病菌在土壤或种子里越冬,通过根部的表皮或伤口侵入植株,如果种子带菌则直接产生病体,借助雨水和田间作业进行传播。在气温 25℃左右、空气相对湿度为 50％以上和土壤缺钙的条件下,易发此病。

(2)主要症状　大白菜根肿病危害根部。病株的根部肿大并呈瘤状,后期有的开裂,如果被细菌侵染则腐烂发臭。因受病根的影响,叶片萎蔫。

(3)防治措施　一是加强植物检疫,预防病菌扩散。二是实行

3 年以上菜田轮作。三是土壤增施钙肥(每 667 米² 施石灰 100 千克)对种子进行消毒。四是用 10%氰霜唑悬浮剂 50～100 毫克/升或 50%氯溴异氰尿酸可溶性粉剂 1 200 倍液灌根,每株 0.4～0.5 升。

6. 大白菜软腐病(又称脱帮、腐烂病、烂疙瘩)

(1)发病条件 大白菜软腐病属于细菌性病害。病菌在病残体上越冬,通过叶片或根、茎的伤口侵入植株,借助雨水、灌溉、虫害及田间作业进行传播。当气温在 25℃～30℃,阴雨多湿的时候,最易发病。

(2)主要症状 从莲座期到包心期均有发生。常见有 3 种类型:外叶呈萎蔫状,莲座期可见菜株于晴天中午萎蔫,但早晚恢复,持续几天后,病株外叶平贴地面,心部或叶球外露,叶柄茎或根茎处髓组织溃烂,流出灰褐色黏稠状物,轻碰病株即倒折溃烂;病菌由菜帮基部伤口侵入,形成水浸状浸润区,逐渐扩大后变为淡灰褐色,病组织呈黏滑软腐状;病菌由叶柄或外部叶片边缘,或叶球顶端伤口侵入,引起腐烂。上述 3 类症状在干燥条件下,腐烂的病叶经日晒逐渐失水变干,呈薄纸状,紧贴叶球。病烂处均发出硫化氢恶臭味,成为本病重要特征,别于黑腐病。软腐病在贮藏期可继续扩展,造成烂窖。窖藏的大白菜带菌种株,定植后也发病,致采种株提前枯死。

(2)防治措施 一是实行菜田轮作。二是深翻晒地,用阳光杀菌或深埋细菌。三是选用抗病品种。四是调整播种期,推广垄作,合理密植。五是加强田间管理,预防高温高湿。六是对种子进行消毒。用种子重量的 1.5%的中生素菌拌种。七是对土壤用石灰消毒。八是喷施 3%中生菌素可湿性粉剂 800 倍液,或 72%硫酸链霉素可溶性粉剂 3 000 倍液。

7. 大白菜细菌性角斑病

(1)发病条件 大白菜细菌性角斑病属于细菌性病害。病菌在种子或病残体上越冬,通过叶片的表皮或气孔直接侵入,种子带菌则直接产生病体,借助气流或雨水进行传播。在气温 25℃～27℃的阴雨条件下,则易发病。

(2)**主要症状** 大白菜细菌性角斑病危害叶片。病叶有灰褐色油渍斑,叶背有水浸状凹陷斑,后期受叶脉限制变成多角形膜状斑,潮湿时叶背有灰白色菌脓,干燥时病斑脆裂穿孔。

(3)**防治措施** 一是实行菜田轮作。二是选用抗病品种,白帮较青帮类型抗病。三是建立无病留种田,选用无病种子。四是加强田间管理。五是发病初期喷洒 25%络氨铜·锌水剂 500 倍液,但对铜剂敏感的品种须慎用。此外,可喷洒 72%硫酸链霉素可溶性粉剂 3 000 倍液,或 50%氯溴异氰尿酸可溶性粉剂 1 200 倍液,隔 7～10 天 1 次,连续防治 2～3 次。

8. 大白菜病毒病(又称孤丁病、花叶病、抽疯)

(1)**发病条件** 大白菜病毒病属于传染性病害。病毒在种子内或寄主上越冬,通过叶片的表皮或伤口侵入植株,种子带菌则直接产生病株,借助蚜虫或汁液接触等形式传播。在气温为 25℃以上、空气相对湿度低于 50%的条件下,以及有蚜虫危害时,易发此病。

(2)**主要症状** 大白菜病毒病主要危害叶片。病叶皱缩硬脆,叶脉上有褐色凹陷条状斑,有的病叶呈花叶状,或者新叶呈花叶明脉,老叶有褐色坏死斑。植株矮化畸形,有的则不结球。

(3)**防治措施** 一是选种抗病品种。二是调整蔬菜布局,合理间、套、轮作,发现病株及时拔除。三是适期早播,躲过高温及蚜虫猖獗季节,适时蹲苗应据天气、土壤和苗情掌握,一般深锄后,轻蹲十几天即可。蹲苗时间过长,妨碍白菜根系生长发,容易染病。四是加强水分管理。为了防止地温升高,播后即浇第一水,次日或隔日幼苗出土浇第二水,3～4 天幼苗出齐后可因地制宜浇第三水,4～5 片真叶时浇第四水,7～8 片真叶后浇第五水,每次浇水均有利于降低地温,连续浇水,地温稳定,可防止病毒病的发生。五是苗期防蚜至关重要,要尽一切可能把传毒蚜虫消灭在毒源植物上,尤其是春季气温升高后对采种株及春播十字花科蔬菜的蚜虫更要早防;发病初期开始喷洒 24％混脂酸·铜水剂 800 倍液,或 2％宁南霉素水剂 500 倍液,或 31％氮甘·吗啉胍可溶性粉剂 800～1 000 倍液,或 20％吗胍·乙酸铜可湿性粉剂 500 倍液。隔 10 天 1次,连续防治 2 次。

9. 大白菜干烧心病

(1)发病条件 大白菜干烧心病属于生理性病害。其主要原因是营养失调,缺少锰、钙等元素,特别是土壤中活性锰不足 10 毫克/千克时,则易发生干烧心病。

(2)主要症状 大白菜干烧心病危害叶球中间的叶片。莲座后期,干烧心的叶片就出现干边。进入结球期,病叶呈水浸状,叶边缘干枯黄化。叶肉呈薄纸状,包在整个叶球中间。一般由外向内数,叶球的第十五至三十五片心叶易感此病。

(3)防治措施 一是选用抗病品种。二是药剂防治。喷洒0.7％硫酸锰,每 667 米² 每次用水量 50 升,可增产 8％～10％;每677 米² 施喷洒型大白菜干烧心防治丰,在白菜苗期、莲座期或包心期共喷 3 次,每 667 米² 次用药 450 克,对水 50 升。三是用拌种型大白菜干烧心防治丰进行拌种,将每 667 米² 播种用的种子,略加水湿润,然后加细干土 30 克拌匀,再加入 225 克药剂拌匀播种。

10. 菜粉蝶(幼虫称菜青虫)

(1)发生条件 发病最适温度为 20℃～25℃,空气相对湿度76％左右。因此,在北方菜青虫的发生亦形成春(4～6 月份)、秋(8～10 月份)两个高峰。

(2)危害特点 幼虫食叶。二龄前只能啃食叶肉,留下一层透明的表皮。三龄后可蚕食整个叶片,轻则虫口累累,重则仅剩叶脉,影响植株生长发育和包心,造成减产。此外,虫口还能导致软腐病。

(3)防治措施　一是提倡保护菜粉蝶的天敌昆虫,保护天敌对菜青虫数量控制十分重要,利用菜粉蝶的天敌,可以把菜粉蝶长期控制在一个低水平,不引起经济损失,不造成危害的状态。二是用菜粉蝶颗粒体病毒防治菜青虫。每 667 米² 用感染有此病毒的五龄幼虫尸体 10~30 条,重 3~5 克,捣烂后对水 40~50 升,于一至三龄幼虫期、百株有虫 10~100 头时,喷洒到大白菜叶片两面。从定苗至收获共喷 1~2 次,每次间隔 15 天。提倡喷洒 1%苦参碱醇溶液 800 倍液,或 0.2%苦皮藤素乳油 1 000 倍液,或 5%黎芦碱醇溶液 800 倍液。也可喷洒青虫菌 6 号悬浮剂 800 倍液。三是提倡采用昆虫生长调节剂,如 20%灭幼脲 1 号或 25%灭幼脲 3 号悬浮剂 600~1 000 倍液,这类药一般作用缓慢,通常在虫龄变更时才使害虫死亡,因此应提前几天喷洒,药效可持续 15 天左右。四是药剂防治。首选 5%氟虫腈悬浮剂 1 500 倍液,或 1.8%阿维菌素乳油 4 000 倍液,或 20%抑食肼可湿性粉剂 1 000 倍液,或 10%氯氰菊酯乳油 2 000 倍液。使用氯氰菊酯药剂防治,注意采收前 3 天停止用药。

11. 桃　蚜

(1)发生条件　发育最适温度为 24℃,高于 28℃则不利于繁育,因此在我国北方呈春、秋两个发生高峰。

(2)危害特点　成虫及若虫在菜叶上刺吸汁液,造成叶片卷缩变形,植株生长不良,影响包心。危害留种植株的嫩茎、嫩叶、花梗及嫩荚,使花梗扭曲畸形,不能正常抽薹、开花、结实。此外,蚜虫传播多种病毒病,造成的危害远远大于蚜害本身。

(3)防治措施　一是加强预测预报。二是设施栽培时,提倡采用防虫纱网。三是用食蚜瘿蚊生物方法防治蚜虫。四是喷施 50%抗蚜威可湿性粉剂 1 000 倍液,或 10%吡虫啉可湿性粉剂 1 500 倍液,或 20%氰戊菊酯乳油 2 000 倍液,或 50%辛硫磷乳油

1 000 倍液。每 667 米² 喷对好的药液 70 升。使用抗蚜威、氰戊菊酯药剂防治,注意采收前10～11 天停止用药。

12. 蛴 螬

(1)发生条件 蛴螬终生栖身土中,其活动主要与土壤的理化特性和温湿度等有关。在一年中,活动最适的地温为 13℃～18℃。因此,危害主要是春、秋两季。

(2)危害特点 幼虫喜食刚刚播下的种子及幼苗等,造成缺苗断垄。

(3)防治措施 一是应做好预报工作。二是抓好蛴螬防治,如大面积秋、春耕时随犁拾虫。三是药剂处理土壤,用 50％辛硫磷乳油每 667 米²200～250 克,加水 10 倍,喷于 25～30 千克细土上拌匀成毒土,撒于地面,随即翻耕或结合灌水施入,或 5％辛硫磷颗粒剂,每 667 米²2.5～3 千克处理土壤,都能收到良好效果。四是在蛴螬发生重的苗床或棚室灌 50％辛硫磷乳油 1 000 倍液,或80％敌百虫可湿性粉剂 700～800 倍液,每株灌对好的药液 150～250 毫升,可有效杀死根际附近的蛴螬。

十四、莴 苣

莴苣,又称生菜、叶用莴苣。

(一)生物学特性

1. 形态特征 莴苣属于菊科莴苣属草本植物。它是浅根系蔬菜,根浅而密。茎为短缩茎,茎上着生叶片。叶片皱,有锯齿或深裂,叶全绿色或黄绿色,叶片有散生和形成叶球等形式。花黄色,头状花序,自花授粉。果为瘦果,黑色或灰色,有冠毛。种子细长,微小,千粒重8～12 克。

2. 对环境条件的要求 叶用莴苣喜冷凉环境,适应温度范围为 10℃～25℃,适宜温度为 15℃～20℃。在湿度条件方面,全生育期要求有充足水分。在光照条件方面,它属于长日照作物,光照充足有利于植株生长,在日照 14 小时以上时,有利于抽薹开花。在营养条件方面,生长期需要氮、磷、钾肥配合使用,每生产 1 000千克叶用莴苣,需吸收氮 2.5 千克、磷 1.2 千克、钾 4.5 千克。其中结球莴苣,需钾更多。在土壤条件方面,叶用莴苣要求富含有机质、保水保肥力强的黏质壤土,土壤的适宜酸碱度为氢离子浓度100～10 000 纳摩/升(pH 值 5～7),一般莴苣喜微酸性土壤。

(二)育苗技术

1. 播种和育苗期 莴苣可以长年生产,因此也可多茬育苗。在 4～5 月份采收的莴苣,可在春天 2～3 月份播种育苗。在 5～6月份采收的莴苣,应选用耐热、抗病、抽薹晚的品种,一般在 4 月份播种。9～10 月份采收的莴苣,一般在 6～7 月份播种。冬季采收的莴苣,一般在 10 月份播种。冬季可在日光温室里生产,并可随着采收腾地后定植。在播种育苗床上,可随时播种,每月播种一茬,定植一茬,收获一茬,做到边播种、边定植、边收获。

2. 品种和播种量 叶用型莴苣有结球莴苣和散叶莴苣,还有半结球的皱叶莴苣。生产上多用结球莴苣,如美国的皇后、皇帝和大湖 659,日本的奥林匹亚及早春等。其中奥林匹亚较耐热,生育期较短。冬季生产,可采用半结球的皱叶莴苣,定植后 1 个月即可收获。一般育苗每 667 米² 播种量 200 克左右。

3. 种子消毒与催芽 莴苣种子小,发芽快,一般多用干籽直播。种子一般只进行晾晒灭菌。如浸种催芽,则先用凉水浸泡5～6 小时,然后放到 16℃～18℃ 条件下见光催芽,经 2～3 天即可出芽。

4. 配制床土 由于栽培季节不同,所以有露地育苗和保护地育苗两种形式。育苗可以在生产田里就地做畦播种,也可用营养土块、纸袋或营养钵育苗。育苗床土为 50％腐熟马粪和 50％园田土,同时,每立方米床土再加尿素 20 克和过磷酸钙 200 克,混匀过筛后,在苗床上平铺 5 厘米厚(成苗床平铺 10 厘米厚)。

5. 播种与苗期管理　播种前,对苗床浇足底水,水渗下后撒 0.5 厘米厚的细土,随后即可播种。一般每平方米播种量为 5～10 克,播种后,盖细潮土 0.5～0.8 厘米,保持地温 15℃～18℃,盖塑料薄膜或草苫保湿,一般经 3～5 天可出土。如果在露地育苗,在出土后 10 天左右(1 叶期),则可进行间苗,以不影响幼苗生长为度。在 2～3 叶期,即可进行移植,苗距 6～8 厘米为宜,每营养钵或纸袋育壮苗 1 株。移植前浇足底水,栽后覆土,栽的深度要保持原来的水平。移栽缓苗期,要保湿保温,气温在 20℃左右为宜。缓苗后,要降湿降温,气温降至 16℃左右,并要经常中耕促根,预防湿度过大和夏季高温多雨的不利影响。在育苗后 1 个月(播后 30 天左右),应满足低温和短日照的要求,这样可以预防早抽薹。定植前,要达到壮苗标准。

6. 叶用莴苣壮苗标准　一般保护地育苗 30～50 天,具有 6～7 片叶,须根较多,茎黑绿,较粗,叶片大而宽,株高 15 厘米左右,植株无病虫害和机械损伤。结球莴苣一般育苗期 40～60 天,叶片 6～8 片,露地直播的苗龄以 30 天为宜,秧苗 4～6 片叶。

7. 育苗注意事项　整个育苗期要预防鼠害,防止因高温高湿而造成细高徒长。在干旱多肥或低温条件下,叶色浓绿,发育不良;在低温干燥条件下,胚短、子叶小,造成僵化苗。因此,在一般情况下,不适于蹲苗。催芽应在冷凉、有光的条件下进行。

(三)定植与田间管理

莴苣为浅根系,靠须根吸收营养。定植前先整地施肥,每 667 米² 施腐熟的优质粗肥 4000 千克,复合肥 20 千克,普撒后浅耕 15～20 厘米,然后做 1 米宽的高畦,畦高 10～15 厘米。在秋、冬季节,为了提高地温,可提前 1 周覆膜烤地,当地温稳定在 8℃以上时,即可移苗定植。

定植时,行距以 25～30 厘米为宜,每畦 4 行,穴距 25 厘米。如果栽散叶莴苣,株距可为 15 厘米左右。按一定株行距用打孔器打孔栽苗,然后培土并稍加镇压。将畦面平整后,按畦浇水,以水能洇透土坨为宜。一般栽后 5～6 天就可缓苗成活。

莴苣移栽缓苗后,即可浇水追肥。对于团生菜可实行 1 周蹲苗,然后再进行水肥管理。可随水每 667 米^2 追施尿素 10 千克,并且要保持土壤潮湿。另外,结球莴苣在心叶内卷初期,还应叶面喷施 0.2％尿素和 0.2％磷酸二氢钾。

莴苣不耐高温高湿,当气温超过 25℃时,应通风降温或采取遮阳措施。同时,莴苣又怕水涝,所以畦内不可积水,雨后须及时排水。在夏季热雨过后,必须及时涝浇园。

莴苣的茎叶幼嫩多汁,在田间作业时要注意不可损伤茎叶或根系,否则易感病害。在气温高、土壤湿度大的情况下,要趁叶面无露水的时候,摘掉近地面的黄、老、残叶,以防染病。

(四)适时采收

不论结球莴苣或散叶莴苣,其茎叶在老化前都可随时采摘。但产量最高、商品价值最好的采收期,则以叶片充分长大、叶绿叶厚的脆嫩期为好。如果用手轻压叶球,有一定承受力,叶球的松紧度适中时采收为最好。

采收的方法是:对散叶生长的莴苣,可劈摘大叶留小叶,将采摘的叶片捆把上市,也可整株割下。结球莴苣(团生菜)收获时,则从地表割下,摘掉外部老叶,叶球外保留 3～4 片外叶,即可包装上市。莴苣在 3℃～5℃条件下,可保鲜 10～15 天。在采收贮运的过程中,一定不可挤压,否则易诱发赤褐斑病,导致腐烂。

（五）病虫害防治

1. 莴苣霜霉病

（1）发病条件 莴苣霜霉病属于真菌性病害。病菌在病残体或种子上越冬，通过叶片的表皮或气孔直接侵入植株，借助风雨、育苗或田间作业进行传播。当气温在 15℃～17℃、阴雨多湿时，易发此病。

（2）主要症状 莴苣霜霉病危害叶片。病叶有淡黄色病斑，潮湿时叶背长白霉，后期病斑连片，干燥时叶片呈黄褐色干枯。

（3）防治措施 一是实行 2 年以上菜田轮作。二是选用抗病品种。三是加强田间管理，预防高湿。四是可喷 50％多菌灵可湿性粉剂 800 倍液。

2. 莴苣茎腐病

（1）发病条件 莴苣茎腐病属于真菌性病害。病菌在土壤中越冬，通过叶片的气孔直接侵入植株，借助雨水、灌溉或田间作业进行传播。在气温为 20℃ 以上、空气湿度大或积水的地块里，则易发病。

（2）主要症状 莴苣茎腐病危害叶片和叶柄。叶片或叶球呈现湿状溃烂，并有网状的菌丝。近地面的叶柄有褐色坏死斑，潮湿时外溢褐色汁液，干燥时变成褐色凹陷斑，有时长有褐色菌核。

（3）防治措施 一是选用抗病品种。二是精选种子，用 10％盐水选种，淘汰菌核。三是加强田间管理，预防高湿偏氮。四是喷施 50％腐霉利可湿性粉剂 1500 倍液，或者喷施 10％菌核净可湿性粉剂 500 倍液。

3. 莴苣虫害 莴苣的害虫，主要有蚜虫、蓟马和地老虎。对蚜虫的防治，可参考种植黄瓜与番茄中防治蚜虫的办法。防治蓟马，可喷 75％乐果乳油 1000 倍液。防治地老虎，可用青草堆诱杀，也可浇灌 90％的敌百虫 800 倍液。在田间管理方面，应及时清理田园杂草,处理沤粪,消除害虫滋生的环境条件。

十五、芹　菜

芹菜,别名旱芹、药芹菜。

(一)生物学特性

1. 形态特征　芹菜属于伞形花科芹属 2 年生草本植物。它为浅根系植物,有主根和大量的侧根。茎短缩,在短缩茎上生有叶柄。叶为羽状复叶,通过较长的叶柄着生在茎基部。叶片和叶柄为绿色或黄绿色,叶柄有实心和空心之分。花小而白,形成复伞状花序。果为双悬果,成熟时裂成两半。种子暗褐色,椭圆形,有纵纹,籽粒小,千粒重 0.4~0.5 克,外有革质保护,不易吸水。

2. 对环境条件的要求　芹菜喜冷凉,耐寒怕热。对温度条件的要求是:适应温度范围为 8℃~30℃,适宜生长的温度为 15℃~20℃。对水分条件的要求是:芹菜喜湿润的土壤和空气,如水分充足,不仅生长快,而且品质好。对光照条件的要求是:芹菜属长日照作物,在每日 14 个小时以上的日照条件下才抽薹开花。对营养条件的要求是:芹菜喜肥,每生产 1 000 千克芹菜,需氮 400 克、磷 140 克、钾 600 克,而且对硼的需要量大,每 667 米^2 需硼砂 0.7 千克。对土壤条件的要求是:芹菜适于富含有机质、保水保肥力强的黏壤土,对土壤酸碱度适应性强,在轻碱的潮湿地里仍可生长。

(二)育苗技术

1. 播种与育苗期　芹菜喜冷凉湿润的环境。在我国北方的春、秋季节,天气冷凉,适于芹菜生长。一般 6~8 月份都可播种,苗龄在 40~60 天。在高温多雨季节,需有遮阳防雨措施。如果在冬季保护地生产,可在 1~3 月份于保护地内育苗,苗龄 60 天左

・ 153 ・

右。目前,芹菜可一年四季排开播种,中小拱棚或简易日光温室都可栽培。一般 7～8 月份播种,10 月份定植。在春季露地种植,一般在 4～5 月份播种,6～7 月份定植。

2. 品种和播种量 芹菜的早熟品种有西芹、铁杆青、天津实心芹等;中晚熟品种有京芹 1 号、康乃尔 019、意大利冬芹、美国白芹等。一般每 667 米² 播种量 600～1000 克,育苗后可定植 2 001～3 335 米² 生产田。

3. 种子消毒与催芽 芹菜的种皮厚而坚,并有油腺,难透水,发芽困难,而且是双悬果,有刺毛。所以,育苗可用厚布鞋底或厚皮手套或用砖石等,将双悬果搓擦分开,除去刺毛,然后再浸种催芽。先用 50℃热水搅拌烫种 10 分钟,再用清水浸种,接着用冷凉清水浸泡 12～14 小时,然后揉搓,用清水淘洗干净。待种子表面湿而无水时,与等量湿沙均匀搅拌(也可不掺细沙),而后放在15℃～20℃冷凉环境条件下保湿催芽。随后每 4～6 小时,用清水淘洗 1 次。要在弱光下催芽,在湿布上平铺 5 厘米厚种子,通过喷水保湿,经常翻动淘洗,经 7～8 天即可出芽。待 60%以上种子萌动后,即可播种。

夏季育苗,也可用 5 毫克/千克赤霉素溶液浸种 12 小时,以代替低温催芽。露地直播的播种量要加大,而且地温必须稳定在12℃以上时才可播种。

4. 育苗床准备与床土消毒 芹菜育苗只用苗床,不用营养钵或土方。配制床土,多用肥沃的园田土 6 份,加腐熟马粪 3 份,细沙 1 份,分别过筛后混匀撒施。在苗床土浅翻、施足基肥后,再平整做畦。如果需要床土消毒,可配制药土备用(配制药土的方法,与种植黄瓜或番茄配制药土的方法相同)。

5. 播种与苗期管理 当地温稳定在 12℃、气温在 15℃～20℃时,即可播种育苗。一般在 6 月中旬播种,播种前先浇足苗床水,普撒 2/3(0.5 厘米厚)药土,然后再播种。每平方米苗床播种

3克左右,播种后覆盖 1/3 药土和细潮土(0.5～0.8 厘米厚)。为了保持18℃～20℃的气温,同时保持一定湿度,可覆盖塑料膜或湿草苫,尤其是在夏播时要注意遮阳和降温。出苗以后,立即降温降湿,揭掉覆盖物,以防徒长。为使刚出土的籽苗适应环境,夏天可在阴天或午后揭覆盖物,随后浇井水降温。出苗后要保持土壤潮湿,在夏季露地育苗还要在热雨过后及时浇井水降温保苗。出苗后的温度以 15℃～18℃ 为宜。当幼苗长到 2～3 叶期时,要结合浇水追施 1 次氮肥,每 667 米^2 施用尿素 5 千克。整个育苗期都要及时除治杂草,经常中耕松土,以促进根系发育。在 1～2 叶期,可以进行间苗或移苗,苗距 1～1.5 厘米即可。长成壮苗后,当生产田地温稳定在 12℃ 左右,即可定植。

6. 芹菜秧苗的壮苗标准 苗龄一般 45～70 天,株高 7～10 厘米,有 3～5 片真叶,叶色浓绿,根系较多,无病虫害,无机械损伤。

7. 芹菜育苗注意事项 芹菜喜冷凉环境。育苗地温在 13℃ 左右,气温在 18℃ 左右,可以控制徒长。由于苗期生长缓慢,根又喜湿,所以土壤墒情要好。芹菜种子有需光性,浸种催芽时应让种子见光。芹菜种子小,种皮厚,吸水困难,应温汤浸种后再催芽。为了保证顺利出苗,夏、秋季播种时要遮阳,以防强光高温。播种床表面要盖草,以保湿降温。

(三)适时定植

芹菜定植期的地温应在 13℃ 左右,气温应在 18℃～20℃。定植前需整地做畦,而且需要施足基肥。每 667 米^2 施腐熟农家肥 8000 千克、复合肥 15 千克。为了预防叶柄劈裂,每 667 米^2 还应施硼肥(硼砂)0.5 千克。肥料均匀普撒后,耕翻菜地 20 厘米深,然后做畦,畦宽 1 米即可。

定植方法是:在畦内开沟穴栽,沟距 10～15 厘米,穴距 10 厘米,每穴栽苗 2～3 株,如果种植西芹则每穴栽 1 株壮苗。叶柄超过 10 厘米的剪掉。定植时主根太长时,可在 4 厘米处剪断,促发侧根。栽的深度以土能埋上根茎为准,边栽边封沟平畦,随后浇水,并搭盖小拱棚保温保湿。对于直播芹菜,当苗高 4 厘米左右时进行间苗,当苗高 10 厘米左右时可按株距 10 厘米左右定苗,也可按每穴 2 株留苗。

(四)定植后的管理

在春季定植秧苗,应采取保温保湿措施。在夏、秋季定植秧苗,应适当降温降湿,一般控制地温在 15℃左右,控制气温在 20℃左右,保持土壤湿润即可。一般需 12～18 天缓苗。缓苗后,应适当降温降湿,同时为了防止徒长,还要进行中耕松土,并蹲苗 1 周左右。

芹菜是浅根系的喜湿作物,尤其在高温季节必须勤浇小水,降温保湿。由于芹菜栽植密度大,缓苗后茎叶生长加快,因而应及时追肥,一般每半月追肥 1 次,每 667 米² 需施用尿素 15 千克、磷钾复合肥 20 千克。同时,土壤必须保持湿润。定植后 1 个月左右,为加速茎叶生长,可喷施 40 毫克/千克赤霉素溶液,每 10 天喷施 1 次,共喷 2 次;也可叶面喷施 0.2%尿素溶液。

(五)适时采收

芹菜一般生育期为 120～140 天,在成株有 8～10 片成龄叶时,就可采收。如果水肥条件好,光照适宜,叶柄长可达40～70 厘米。如果营养条件差,缺水干旱,光照又太强,则易老化,品质差,产量低,株高只有 20～30 厘米。不管怎样,到采收期必须采收,否则品质会进一步下降,而且易引起病虫害或倒伏。采收要选在无露水条件下进行。采收方法有 3 种:①成片割收或连根拔起,倒茬腾地时必须采用这种方法。②间拔大株留小株,这种采收方法可保证产量和质量,又可进行多次采收,为小株增加营养面积和生长空间，并可通过加强水肥管理，促小株加快生长。③实行掰收，每次每株只掰 2～4 片大叶。掰的时候一手按住根部，另一手把住叶柄基部掰下，一定不可转动根茎。一般每 7～10 天掰收 1 次。芹菜每 667 米² 产量在 3 000～5 000 千克。

（六）芹菜生产历程

芹菜生产历程，如表 3-9 所示。

表 3-9　芹菜生产历程

栽培形式	播种期	定植期	采收期
温室冬茬	7 月上旬至 7 月下旬	9 月上旬至 9 月中旬	12 月上旬至翌年 1 月上旬
阳畦冬茬	7 月下旬至 8 月上旬	9 月下旬至 10 月上旬	翌年 1 月下旬至 3 月上旬
阳畦春茬	8 月下旬至 9 月上旬	12 月下旬至翌年 1 月下旬	3 月下旬至 4 月下旬
小拱春茬	7 月下旬至 8 月上旬	9 月上旬至 10 月上旬	翌年 2 月中旬至 4 月中旬
春 露 地	2 月上旬至 3 月上旬	3 月下旬至 4 月下旬	5 月下旬至 7 月上旬
秋茬芹菜	6 月上旬至 6 月下旬	8 月上旬至 8 月下旬	10 月中旬至 11 月下旬

（七）病虫害防治

1. 芹菜斑枯病（又称叶枯病、晚疫病或火龙）

（1）发病条件　芹菜斑枯病属于真菌性病害。病菌在病残体或种子上越冬，通过茎叶的表皮或气孔侵入植株，如种子带菌则直接产生病株，借助风雨或育苗传播。当气温在 20℃～25℃、空气相对湿度在 85％以上时，则易发病。此外，气温过高或过低，湿度过大或过小，雾露天气，也易发此病。

（2）主要症状　芹菜斑枯病可危害叶片、叶柄和茎。我国芹菜斑枯病主要有大斑型和小斑型 2 种。华南地区主要是大斑型，东北、华北地区则以小斑型为主。大斑型：初发病时病斑呈浅褐色油渍状小斑，后逐渐扩展，中央开始坏死，后期扩展到 3～10 毫米，多散生，边缘明显，外缘深褐色，中央褐色，散生黑色小粒点，即病原菌分生孢子器。小斑型：大小0.5～2毫米，很少超过3毫米，常多个病斑融合，边缘明显，红褐色至黄褐色，内部黄白色至灰白色，病斑四周常现黄色晕圈，边缘处常聚生很多黑色小粒点。叶柄和茎染病均为长圆形稍凹陷病斑，边缘明显，褐色，内部色浅，斑上密生明显的黑色粒点。

（3）防治措施　一是选用抗病品种。如津南冬芹、定州实心芹、冬芹、夏芹、津芹、天马、上海大芹、文图拉、美国玻璃脆、西芹3号、春丰等。二是选用无病种子。从无病株上采种或采用存放2年的陈种。或对带病种子进行消毒，如采用新种要进行温汤浸种，即48℃～49℃温水浸种30分钟，边浸边搅拌，后移入冷水中冷却，晾干后播种。三是加强田间管理。施足腐熟有机肥或生物有机复合肥，看苗追肥，增强植株抗病力。保护地栽培要注意降温排湿，白天控温15℃～20℃，高于20℃要及时通风，夜间控制在10℃～15℃，缩小昼夜温差，减少结露，切忌大水漫灌。四是药剂防治。保护地芹菜苗高3厘米后有可能发病时，施用45％百菌清烟剂熏烟，用量为每667米² 每次200～250克，或喷撒5％百菌清粉尘剂，每667米² 每次1千克；也可喷洒0.5％OS-施特灵水剂500倍液。露地可选喷78％波尔·锰锌可湿性粉剂500～600倍液，或75％百菌清可湿性粉剂600倍液，或30％苯噻氰乳油1 300倍液，或10％噁醚唑水分散粒剂2 000倍液，或47％春雷·王铜可湿性粉剂700倍液，隔7～10天1次，连续防治2～3次。

2. 芹菜菌核病

（1）发病条件　芹菜菌核病属于真菌性病害。菌核在土壤中或种子里越冬，通过茎叶的表皮或伤口侵入植株，借助风雨、育苗或田间作业传播。当气温在15℃左右、空气相对湿度在85％以上时，则易发病。

（2）主要症状　芹菜菌核病在保护地里危害较为严重，主要危害叶片和茎。病叶有褐色水浸斑，潮湿时生白色菌丝，并易软腐。

病茎有椭圆形褐色水浸斑,潮湿时生白霉,并软腐,后期可形成黑色菌核。

（3）防治措施 一是实行3年轮作。二是从无病株上选留种子或播前用10%盐水选种,除去菌核后再用清水冲洗干净,晾干播种。三是收获后及时深翻或灌水浸泡或闭棚7～10天,用高温杀灭表层菌核。四是采用生态防治法避免发病条件出现。五是药剂防治。发病初期开始喷洒40%灰霉菌核净悬浮剂1 200倍液,或40%菌核净可湿性粉剂800倍液,或50%异菌脲可湿性粉剂1 000倍液。棚室采用10%腐霉利烟剂或10%氟吗啉粉尘剂,每667米²每次250克,熏1夜,隔8～10天1次,连续防治3～4次。使用腐霉利的采收前5天停止用药。

3. 芹菜叶斑病（又称早疫病、斑点病）

（1）发病条件 芹菜叶斑病属于真菌性病害。病菌在种子或病残体上越冬,通过茎叶的表皮或气孔直接进入植株,借助风雨、育苗或田间作业传播。当气温在25℃～30℃的高温高湿或高温干旱条件下,都易发病。

（2）主要症状 芹菜叶斑病危害叶片、叶柄和茎。病叶上有圆形黄绿色水浸斑,逐渐汇成灰褐色大病斑,潮湿时生灰霉,严重时叶片枯死。叶柄和茎染病,有椭圆形灰褐色凹陷斑,潮湿时生灰霉,严重时全株倒伏。

（3）防治措施 一是选用耐病品种。如津南实芹1号等。二是从无病株上采种,必要时用48℃温水浸种30分钟。三是实行2年以上轮作。四是合理密植,科学灌溉,防止田间湿度过高。五是药剂防治。发病初期喷洒50%多菌灵可湿性粉剂800倍液,或78%波尔·锰锌可湿性粉剂600倍液,或53.8%氢氧化铜干悬浮剂1 000倍液,或10%噁醚唑水分散粒剂2 000倍液。保护地条件下,可选用5%百菌清粉尘剂,每667米²每次1千克,方法同黄瓜霜霉病;或施用45%百菌清烟剂,每667米²每次200克,隔9天左右 1 次,连续或交替施用 2～3 次。

4. 芹菜病毒病

(1)**发病条件** 芹菜病毒病是由病毒引起的传染性病害。病毒在病残体上或土壤里越冬,通过伤口或表皮直接侵入植株,借助汁液接触或蚜虫传播。在高温干旱和有蚜虫条件下,则易发病。

(2)**主要症状** 芹菜病毒病危害叶片。病叶皱缩,并有黄绿斑,逐步发展成皱缩黄叶,全株矮化。

(3)**防治措施** 一是实行菜田轮作。二是选用抗病品种。三是对种子消毒。四是加强田间管理,预防高温干旱。五是及时防治蚜虫,可喷施 1.5%烷醇·硫酸铜乳剂 1000 倍液,或喷施 20%吗胍·乙酸铜可湿性粉剂 500 倍液。

5. 芹菜虫害 芹菜主要的害虫为蚜虫,可挂银灰色塑料膜驱蚜,也可用黄色机油板诱杀,或者喷施乐果乳油 1000 倍液。在田间管理上,要预防高温干旱。如果是棚室内栽培,可在门窗和通风口处挂上纱网,以防蚜虫侵入。

十六、落 葵

落葵,又称木耳菜、豆腐菜,属于落葵科落葵属,是以嫩茎叶为产品的栽培种,为 1 年生缠绕性草本植物。

(一)生物学特性

1. 形态特征 落葵根系发达,茎蔓长 3～4 米,分枝力强,茎肉质化。叶片为阔卵圆形,单叶互生,叶片光滑肉质。穗状花序,开白花或紫红花。果实圆球形,紫红色,种皮紫黑色,种子千粒重30～40 克。

2. 对环境条件的要求 落葵耐高温高湿。种子一般发芽适温在 25℃左右,植株生长适温在 25℃～30℃,在整个生育期都需要土壤湿润。落葵的个别品种对高温短日照要求较严,多数品种对日照要求不严。落葵需要疏松肥沃的沙壤土,酸碱度以氢离子浓度 100～19950 纳摩/升(pH 值 4.7～7)为宜。

(二)品种与类型

中国落葵,又称重庆木耳或青梗落葵。茎圆形,绿色蔓长达 3～4 米,茎缠绕状,具有左旋缠绕特性。叶片心脏形,叶为绿色或紫色,幼嫩果实为绿色,成熟后变紫色。

日本落葵,也称日本紫梗落葵,茎粗,呈三棱形,紫色,无缠绕性。叶片绿色或紫色,卵圆形互生。花为白色或红紫色。

(三)播种与育苗

落葵一般在气温 20℃以上时,就可播种栽培。以采收嫩茎叶为主的落葵,在播后 50 天左右就进入采收期。我国北方一般在 5 月份播种,6 月下旬就可采收。

落葵可以用种子繁殖,也可用老茎扦插繁殖。在生产上多用种子繁殖,以条播或撒播方法进行畦作栽培。

浸种催芽的方法是:落葵种壳厚而且坚硬,播种前应先浸种催芽。可用 50℃水搅拌浸种 30 分钟,然后在 28℃～30℃的温水里浸泡 4～6 小时,搓洗干净后在 30℃条件下保湿催芽。当种子露白时,即可播种,每 667 米² 用种量 5～6 千克。

整地与播种的要求是:播种前先整地施肥,每 667 米² 施用腐熟优质粗肥 5000 千克,普撒后耕翻做畦,畦宽 1～1.2 米。在春季播种时,为了提高地温,还可在播前 1 周覆膜烤地。当地温稳定在 15℃以上时,才可播种。如果采用条播法播种,可先在畦内开沟,沟深 2～3 厘米,沟宽 10～15 厘米,沟距 20 厘米,按沟条播。播种后,将畦搂平,稍作镇压后,按畦浇水,以水能洇湿畦面为度。如果撒播,可先按畦浇水,在水渗下后再撒 0.5 厘米厚的细土,随后播种,播种后再覆盖 1.5～2 厘米厚的细土,然后覆盖塑料膜保温保湿。一般经 3～5 天,即可出苗。

(四)定植与田间管理

出苗后,要进行间苗和中耕松土(间下来的幼苗可以移栽,也可食用)。至 4 叶期,即可定苗或定植,穴行距 15～20 厘米,每穴栽 2～3 株。落葵也可直接用种子条播,行距 20 厘米,在 4 叶期定苗。定苗缓苗后,则应追肥浇水,随水每 667 米^2 施用尿素 10 千克、复合肥 5 千克。下雨后要及时排水,夏季热雨过后应用井水漂地。菜畦内要始终保持土壤湿润,采收前 2 周追 1 次肥,以后则每采收 1 次追 1 次肥水,同时还要及时清除杂草。对于蔓生攀缘品种,在缓苗后即可浇水插架,引蔓上架。对于不留种的落葵植株,应及时摘掉花茎,以促进茎叶生长,提高产量。

(五)适时采收

落葵的采收,一般在株高 20～25 厘米时采收嫩茎叶,只留茎基部 3 片叶,以促腋芽发新梢。对于枝叶密集,有郁闭现象的枝蔓,可从茎基部掰下,以达到疏枝通风和透光的目的。在气温高于25℃的条件下,一般每隔 10～15 天采收 1 次,或者每次都采大留小,实施连续采收。落葵嫩茎叶,一般每 667 米^2 产量可达 2 000～3 000 千克。采摘嫩茎叶,应选择无露珠时进行,阴雨天还可提前采摘。

(六)病虫害防治

1. 落葵紫斑病(又称蛇眼病)

(1)发病条件　落葵紫斑病属于真菌性病害。病菌在病残体上或土壤中越冬,通过叶片表皮直接侵入植株,借助风雨及田间作业传播。在温度高的多雨季节易发此病。

（2）主要症状　落葵紫斑病危害叶片。病叶边缘有紫色的圆形黄褐斑，病斑中间凹陷质薄，易穿孔，似蛇的眼睛，严重时紫斑布满叶片。

（3）防治措施　一是加强田间管理，及时防渍排涝。二是喷施75％百菌清可湿性粉剂1000倍液，或喷施50％腐霉利可湿性粉剂2000倍液。三是增施磷、钾肥，以提高植株抗病性。

2. 落葵灰霉病

（1）发病条件　落葵灰霉病属于真菌性病害。病菌在土壤中越冬，通过茎叶表皮或伤口侵入植株，借助气流或田间作业传播。在20℃左右的低温高湿条件下易发此病。

（2）主要症状　落葵灰霉病危害叶片和茎。病叶有水浸斑，逐渐发展而使叶片萎蔫腐烂，并生有灰霉。茎部染病，则有水渍状浅绿斑，病茎易折倒腐烂，并生有灰霉。

（3）防治措施　一是加强田间管理，多施优质粗肥，加强中耕松土，扣地膜或支小拱棚，加强保温，预防高湿。二是药剂防治。在发病初期，在棚室内可喷施5％百菌清粉尘剂，或者喷施50％腐霉利可湿性粉剂1500倍液。

3. 落葵虫害　落葵害虫，主要有蛴螬和蚜虫。防治蛴螬应深翻土地，以减少越冬虫量，同时，还必须施腐熟粗肥。对小面积发生的蛴螬，可用手锄抠出萎蔫株苗下面的蛴螬。防治蚜虫，可挂银灰塑料膜驱蚜，或采用乐果喷雾，也可用涂机油的黄色药板诱杀。

十七、菊　花　脑

菊花脑，又称菊花叶、路边黄，是菊科菊属中以嫩茎叶为产品的栽培品种，为多年生草本植物。

（一）生物学特性

1. 形态特征 菊花脑为宿根植物。地下有分枝力强的匍匐茎,茎直立,半木质化,稍有细茸毛,株高 50～100 厘米;叶片宽大,卵圆形,互生,叶缘有锯齿或呈羽状分裂;枝顶有头状花序,花为黄色,舌状小花。全株有独特清凉香气,种子为瘦果。

2. 对环境条件的要求 菊花脑较耐寒,在 10℃左右即可生长,15℃～20℃生长旺盛;较耐干旱,而不耐潮湿;对光照要求不严;较耐瘠薄,适应性强,在山野岭地也能正常生长。

（二）品种与类型

1. 小叶菊花脑 叶片小,叶缘深裂,具有野生菊花的特性。

2. 大叶菊花脑 叶片大,呈卵圆形,叶缘浅裂,产量和质量都优于小叶菊花脑。

（三）育苗和定植

菊花脑的繁殖方法,可用种子直播,也可育苗移栽或分株繁殖。

菊花脑的播种期一般在 3 月份。播种前先整地施肥,每 667 米² 施腐熟优质粗肥 1000 千克,然后耕翻做畦,畦宽 1 米、长 6 米。当地温 10℃左右即可播种,先浇水洇畦,以洇湿畦面为准,然后覆盖 0.5 厘米厚的细土,而后再播种。按每 667 米² 500 克的播种量进行撒播,随后覆盖细土 0.5～0.8 厘米厚。为了保温保湿,可覆盖地膜。播种后控温在 15℃～20℃。在保湿的条件下,一般 5 天可出苗。出苗后,2 叶期即可间苗中耕,3 叶期可以直接定苗或移栽定植。定植时穴距 10 厘米,每穴定植 3～4 株,定植后浇水覆膜,保温保湿促缓苗。

分株繁殖可在 3 月份开始。当地温 8℃左右,菊花脑地下的匍匐茎刚刚萌动时,就可将整株挖出,每 2～3 节为一段种条(一个分株),然后按株距 10 厘米、行距 10～15 厘米,在畦内进行斜插(斜插 30°角),深度以地表露出一芽为宜。然后,浇水覆盖地膜或支小拱棚保温保湿,一般 7～10 天即可长芽生根。

(四)田间管理

定植缓苗后,应适当降温降湿,气温以 15℃～18℃为宜,同时还要通过中耕松土促进根系生长。在茎叶生长旺盛期,要适当追肥浇水,每 667 米² 施尿素 10 千克,以保持产品鲜嫩高产。以后,每采收 1 次就要浇 1 次水肥。一般采收后,先晾晒 2～3 天,待伤口愈合后出现新叶时,再开始追肥浇水,以保证下次采收的产量。

(五)适时采收

春茬一般在 5 月份采收。当株高 20 厘米左右即可采收嫩梢,一般采收 2 次后植体已长高大,就可用刀割嫩梢。采收时要注意保留短梢,并且要留嫩梢底茬 8～10 厘米高,以保证继续生长,连续收获。一般每半月左右采收 1 次,春茬可采收 3～4 次,秋茬可采收 2～3 次,每 667 米² 每茬可采收 300 千克左右。

(六)病虫害防治

菊花脑病虫害较少。在高温期易老化和出现病毒病,这是属于夏眠期的反应,待气候冷凉后又可正常生长。如果湿度过大,易出现霜霉病,在干旱季节还易受蚜虫危害。防治措施,可参考芹菜病虫害的防治方法。

十八、韭　菜

韭菜,又名起阳草、懒人菜。

（一）生物学特性

1. 形态特性 韭菜属于百合科葱属多年生宿根草本植物。它属于须根系，根系浅，在老根基上面易生新根茎，根茎下部着生须根，随着根茎的上移，韭根也在上移，俗称跳根。茎则分为营养茎和花茎，花茎细长，顶端着生薹；营养茎在地下短缩成茎盘，并逐年向地表分蘖，形成分枝。营养茎因贮存营养而肥大，形成葫芦状，称为鳞茎，外面有纤维状鳞片。鳞茎上有叶鞘和叶片，叶扁平状，叶鞘抱合成假茎。花为伞形花序，白色两性花。果为蒴果，种子盾形、黑色，千粒重 4.2 克。

2. 对环境条件的要求 韭菜生长适温 12℃～24℃，发芽适温 15℃～18℃，超过 25℃ 则生长缓慢，在 6℃ 以下进入冬眠期。要求土壤湿润，空气相对湿度为 60%～70%。韭菜是长日照作物，在夏季长日照后才抽薹开花。韭菜喜肥，特别喜氮肥，对土壤适应性强，在土层深厚、疏松、肥沃的土壤上生长良好。

（二）育苗技术

1. 播种期 一般在土壤化冻后即可播种，北方多在 4～5 月份播种。要用新鲜种子；如果用陈籽，可顶凌播种，以提高发芽率。一般 7 月份定植，苗龄 3 个月左右。

2. 品种选择与播种量 一般宽叶韭菜，适于露地栽培，或在早春晚秋覆膜生产，宜采用汉中冬韭、雪韭、791、雪青、寒青、嘉兴白根等品种。窄叶韭菜耐寒耐热，不易倒伏，适于冬季温室生产，宜采用铁丝苗等品种。一般每 667 米^2 播种量 4～5 千克，可定植 3 335～5 336 米^2。

3. 种子处理 韭菜多采取干籽直播，为了抢墒出苗，也可浸种催芽。要选用新种子，用 30℃ 水浸泡 10 小时，搓洗冲净后，用湿布包好放在 18℃ 温度条件下保湿催芽，每 6 小时用清水投洗 1

次,经 2～3 天即可出芽播种。

4. 播种与苗期管理 苗床的床土,可用肥沃的园田土,并在每平方米加入 10 千克腐熟粗肥和 100 克尿素,普撒后耙翻 20 厘米,平整后做畦,轻轻镇压,浇足底水后随即播种。撒播或条播皆可,覆土 1 厘米厚,然后覆盖塑料膜保湿。一般经 3～5 天即可出苗,出苗时种子呈弯钩状(拉弓)。为保证出苗,必须使床土又细又潮。一般从齐苗到苗高 15 厘米时,应勤浇小水催苗,并随水施用化肥,每 667 米² 施用尿素 15 千克。以后,则要防止徒长和倒伏,还要及时锄耪松土和除草。到定植时,要达到壮苗标准。

5. 壮苗标准 一般苗龄 80～90 天,苗高 15～20 厘米,单株 5～6 片叶,植株无病虫害,无倒伏现象。

6. 育苗注意事项 在韭菜育苗过程中,要预防地蛆的危害,可用 50％辛硫磷乳油 1000 倍液灌根。另外,还要预防草荒和沥涝灾害,雨后要及时排水防涝。

(三)定植与田间管理

韭菜可以直播,也可以育苗移栽。当气温高于 15℃、地温在 10℃以上时,即可直播。播种前每 667 米² 施腐熟粗肥 5000 千克,普撒后耕翻做畦,畦宽 1.2 米,做畦后按畦浇小水,以洇透畦区为准。待水渗下后,在畦内均匀撒 0.5 厘米厚的细土,然后即可播种。播种量为每 667 米²4～5 千克,播种后盖 1 厘米左右的细土。为了防治苗期杂草,每 667 米² 可用 33％二甲戊灵乳油 0.15 千克喷洒畦表土进行化学除草,最后覆盖保温保湿的遮阳物。一般春播 10～15 天即可出苗,夏播 6～7 天出苗。出苗后,畦面仍要保持潮湿,并逐渐撤掉覆盖的遮阳物。其他管理方法,与定植后的管理方法相同。

对于先育苗后移栽定植的韭菜,在气温 12℃～24℃、地温 10℃以上时即可进行移栽定植。定植前要先整地施肥,每 667 米²

施腐熟的粗肥 5000～8000 千克,普撒后耕翻做畦。畦宽 1.2 米。然后按 20 厘米沟距、10 厘米穴距,在畦内开沟穴栽(每畦 5 沟,每穴 10 株左右)。定植时,将韭菜苗拔出,剪掉须根,(只留 3 厘米长),剪掉叶尖(留叶片 10 厘米长),栽的深度为 3 厘米,培土以露出叶鞘即可,稍镇压后顺沟浇水。也可将栽培沟扶平,然后按畦浇水。

定植后,通过浇水保苗,很快转入缓苗期。当新根新叶出现时,即可追肥浇水,每 667 米^2 随水追施尿素 10～15 千克。幼苗 4 叶期,要控水防徒长,并加强中耕除草,预防草荒,在夏季还要防积水沥涝腐烂。立秋以后,则要加强水肥管理,每 667 米^2 施尿素 15～20 千克。当长到 6 叶期开始分蘖时,出现跳根现象(分蘖的根状茎在原根状茎的上部),这时可以进行盖沙压土或扶垄培土,以免根系露出土面。当苗高 20 厘米时,再追肥浇水,以备收割。

(四)适时收割

一般在韭菜收割前 10 天地上部分生长加快,割后 10 天则地下部分生长加快,在地上部分高 25 厘米左右即可收割。要选晴天的早晨收割,用快刀割留叶鞘基部 3～4 厘米,割口以黄色为宜,不可伤及根状茎(俗称马蹄),收割后晾晒 1～2 天,待新叶长出时再培土浇水追肥,以防腐烂。一般每 20～25 天可收割 1 茬,每年可收割 4～5 茬。每 667 米^2 每次可收割 500～1000 千克。

(五)宿根韭菜的管理

1. 宿根韭菜的移栽管理 多采用栽韭菜根的方法,即将地上部分剪掉,再将老根掰去,只留新根进行移栽。

2. 宿根韭菜的越冬管理 在 9～10 月份温度适宜时,韭菜生长较快,应加强水肥管理,这样既可增加产量,又能为根茎积累营养物质。到 11 月份地上部分枯萎,营养贮存于根部,在封冻前必须浇 1 次封冻水肥,以利于越冬。冬季随着气温下降,可铺沙盖土压粗肥,也可盖塑料膜和稻草,以保持相应温度。

3. 宿根韭菜的春季管理　宿根韭菜越冬后,即在第二年春天,随着气温的上升,要逐渐除掉覆盖物,清除畦面的枯叶杂草,待新芽出土时追肥浇水促生长。在夏季高温多雨季节,必须及时排水防涝,防止郁闭腐烂。要加强通风,将根部的培土扒开,促使植株基部通风。为防止茎叶倒伏,可将韭叶捆成束直立于地面,也可用横向的竹竿将倒伏叶片扶起(每隔 1～2 米插一竖杆,固定横向的竹竿)。这样,既有利于通风透光,又可减少病虫草害。在夏季秋初时节,要清除韭畦内的枯枝烂叶,对韭根培土,防止倒伏,此后即可转入正常水肥管理。

(六)韭菜生产历程

韭菜生产历程,如表 3-10 所示。

表 3-10　韭菜生产历程

栽培形式	播种期	定植期	采收期
温室韭黄	4 月中旬至 5 月下旬	11 月下旬	12 月下旬至翌年 2 月下旬软化
温室青韭	4 月中旬至 5 月上旬	7 月中旬至 7 月下旬	11 月上旬至翌年 3 月中旬
小　棚　韭	4 月中旬至 5 月上旬	7 月中旬至 7 月下旬	11 月中旬至翌年 3 月下旬
露　地　韭	4 月下旬至 5 月上旬	7 月下旬至 8 月上旬	翌年 4 月上旬至 6 月中旬
当年清茬韭	4 月中旬至 5 月上旬	7 月中旬至 7 月下旬	10 月下旬至 12 月下旬

(七)病虫害防治

1. 韭菜疫病

(1)发病条件　韭菜疫病属于真菌性病害。病菌在病体上越冬,通过植株的表皮直接侵入,借助风雨或育苗传播。在气温 25℃～32℃、湿度较高的阴雨天气,最易发病。

(2)主要症状　根、茎、叶、花薹等部位均可被害,尤以假茎和鳞茎受害重。叶片及花薹染病,多始于中下部,初呈暗绿色水浸状,长 5～50 毫米,有时扩展到叶片或花薹的一半,病部失水后明显缢缩,引起叶、薹下垂腐烂,湿度大时,病部产生稀疏白霉。假茎受害呈水浸状浅褐色软腐,叶鞘易脱落,湿度大时,其上也长出白色稀疏霉层,即病原菌的孢子囊梗和孢子囊。鳞茎被害,根盘部呈水浸状,浅褐至暗褐色腐烂,纵切鳞茎内部组织呈浅褐色,影响植株的养分贮存,生长受抑,新生叶片纤弱。根部染病变褐腐烂,根毛明显减少,影响水分吸收,致根寿命大为缩短。

(3)防治措施 一是选用抗病品种。提倡因地制宜选用早发韭 1 号、优丰 1 号韭菜、北京大白根、北京大青苗、汉中冬韭、寿光独根红、山东 9-1、山东 9-2、嘉兴白根、平顶山 791 等优良品种,减少发病。二是选好种植韭菜的田块,仔细平整好苗床或养茬地,雨季到来前,修整好田间排涝系统。三是进行轮作换茬,避免连年种植。四是药剂防治。夏季高温多雨季节发现韭菜疫病中心病区时,马上喷洒 72％霜脲·锰锌可湿性粉剂 700 倍液,或 69％烯酰·锰锌可湿性粉剂 600～700 倍液,或 60％锰锌·氟吗啉可湿性粉剂 700～900 倍液,或 60％琥铜·乙铝·锌可湿性粉剂 500 倍液,隔 10 天左右 1 次,连续防治 2～3 次。

2. 韭菜菌核病

(1)发病条件 韭菜菌核病属于真菌病害。病菌在病残体上或土壤中越冬,有的病菌混杂在种子里,通过植株表皮侵入植株,借助气流、灌水或接触等方式传播。在气温 15℃～20℃、空气相对湿度 85％以上时,偏施氮肥的土壤里容易发病。

(2)主要症状 韭菜菌核病危害叶片、叶鞘和假茎。病叶呈灰褐色软腐状,并有黄白色菌丝,有的病叶干枯。叶鞘染病呈褐色腐烂,生有灰白色菌丝。假茎染病则基部呈灰褐色腐烂,有灰白色菌丝或黄褐色菌核。

(3)防治措施 一是提倡施用酵素菌沤制的堆肥或生物有机

复合肥;整修排灌系统,防止植地积水或受涝。二是合理密植,采用配方追肥技术避免偏施、过施氮肥。定期喷施植宝素、喷施宝或增产菌使植株早生快发,可缩短割韭周期,改善株间通透性,减轻受害。三是及时喷药预防。每次割韭后至新株抽生期喷淋50%异菌脲可湿性粉剂1 000倍液,或腐霉利可湿性粉剂1 500倍液,或50%异菌·福美双可湿性粉剂800倍液,或60%多菌灵盐酸盐可溶性粉剂600倍液,或40%菌核净可湿性粉剂800倍液,隔7~10天1次,连续防治3~4次。棚室韭菜染病可采用烟雾法或粉尘法,具体方法见黄瓜霜霉病。

3. 韭菜灰霉病

(1)发病条件 韭菜灰霉病属于真菌性病害。病菌在病残体上或土壤中越夏,通过叶片的表皮或伤口侵入,借助于气流、雨水或田间作业传播。在气温15℃~21℃、空气相对湿度85%以上的条件下,容易发病。

(2)主要症状 韭菜灰霉病危害叶片,分为白点型、干尖型和湿腐型。白点型和干尖型初在叶片正面或背面生白色或浅灰褐色小斑点,由叶尖向下发展。病斑梭形或椭圆形,可互相汇合成斑块,致半叶或全叶枯焦。湿腐型发生在湿度大时,枯叶表面密生灰色至绿色绒毛状霉,伴有霉味。湿腐型叶上不产生白点。干尖型由割茬刀口处向下腐烂,初呈水浸状,后变淡绿色,有褐色轮纹,病斑扩散后多呈半圆形或"V"字形,并可向下延伸2~3厘米,呈黄褐色,表面生灰褐色或灰绿色绒毛状霉。大流行时或韭菜的贮运中,病叶出现湿腐型症状,完全湿软腐烂,其表面产生灰霉。

(3)防治措施 一是选用抗病品种。如黄苗、竹杆青、早发韭1号、优丰1号、中韭2号、克霉1号、791雪韭等。二是清洁田园。韭菜收割后,及时清除病残体,防止病菌蔓延。三是保护地内适时通风降湿是防治该病的关键。通风量要据韭菜生长势确定。刚割过的韭菜或外温低时,通风要小或延迟,严防扫地风。四是培育壮苗,注意养茬。施用有机活性肥,及时追肥、浇水、除草,养好茬。五是加强预防工作。秋季扣膜后浇水前每 667 米² 用 65％甲硫·乙霉威可湿性粉剂 3 千克,拌细土 30～50 千克,均匀撒施预防灰霉病发生。进入花果期是重点防治时期。五是化学防治。应抓住侵染适期,重点保护春季韭菜第二茬的二刀、三刀,割后 6～8 天发病初期喷撒 6.5％甲硫·乙霉威或 5％腐霉利粉尘剂、5％异菌脲粉尘剂,每 667 米² 每次 1 千克。此外,也可喷洒 65％甲硫·乙霉威可湿性粉剂 1 000 倍液,或 25％咪鲜胺乳油 1 000 倍液,或 40％嘧霉胺悬浮剂 1 200 倍液,或 28％霉威·百菌清可湿性粉剂 500 倍液,或 50％异菌·福美双可湿性粉剂 800 倍液,隔 10 天左右 1次,防治 2～3 次。

4. 韭蛆(又称迟眼蕈蚊、黄脚蕈蚊)

(1)危害症状　幼虫聚集在韭菜地下部的鳞茎和柔嫩的茎部危害。初孵幼虫先危害韭菜叶鞘基部和鳞茎的上端。春、秋两季主要危害韭菜的幼茎引起腐烂,使韭叶枯黄而死。夏季幼虫向下活动蛀入鳞茎,重者鳞茎腐烂,整墩韭菜死亡。

(2)防治措施　一是因地制宜选择优良品种。如北京大白根、北京大青苗、汉中冬韭、寿光独根红、山东 9-1、山东 9-2、嘉兴白根、平顶山 791 等。二是有机肥与化肥配合施用。提倡施用酵素菌沤制的堆肥或腐熟好的干鸡粪 3 200 千克或牛、羊、马等腐熟有机肥 4 000 千克,于第三茬韭菜采收后及 10 月下旬至越冬前,每667 米² 施入上述肥料的 50％。控制大量施入氮素化肥,每 667米² 追施碳酸氢铵 30 千克,在第一、第二茬韭菜收割后各追施 15千克,采收前 15～20 天停止追肥。三是药剂防治。抓住成虫羽化盛期喷洒 75％灭蝇胺可湿性粉剂 5 000 倍液,或 5％氟虫腈悬浮剂1 500 倍液,或 50％辛硫磷乳油 1 000 倍液,可有效地杀灭成虫,于上午 9～10 时施药效果最好。四是灌杀幼虫。北京一带 4 月中下旬至 5 月上旬,秋季 8 月下旬至 9 月上旬田间出现少量黄叶并逐渐向地面倒伏时,马上随水浇灌 0.5％藜芦碱醇溶液 500 倍液,或 1.1％苦参碱粉剂 500 倍液,或 50％辛硫磷乳油 800 倍液,每 667 米² 灌对好的药液 200～300 升。也可用 5％辛硫磷颗粒剂 2 千克,掺些细土撒在韭根处,再覆些土或用 50％辛硫磷乳油 800 倍液与苏云金杆菌乳剂 400 倍液混后灌根,效果更好些,韭菜采收前 10 天,提倡用 0.2％苦参碱水剂 500～1 000 倍液,杀蛹、杀幼虫效果好,持效 10 天,且无公害。灌辛硫磷或使用氟虫腈的,采收前 10 天停止用药。

5. 韭菜潜叶蝇(又称葱斑潜蝇、葱潜叶蝇)

(1)危害症状 寄主葱、洋葱、韭菜。幼虫在叶组织内蛀食成隧道,呈曲线状或乱麻状,影响作物生长。

(2)防治措施 一是秋翻葱地,及时锄草,与非百合科作物轮作,减少虫源。二是保护利用天敌。三是药剂防治。可在成虫盛发期喷洒 50％辛硫磷乳油 1 000～1 500 倍液,或 10％灭蝇胺悬浮剂 1 500 倍液,或 0.9％阿维菌素乳油 2 500 倍液,或 10％吡虫啉乳油 2 500 倍液,使用辛硫磷的韭菜采收前 10 天停药,洋葱、大葱采收前 17 天停止用药。

十九、洋 葱

洋葱,又称葱头、圆葱。

(一)生物学特性

1. 形态特征 洋葱属于百合科葱属,是具有特殊辛辣味的一种蔬菜。它根系浅,生长慢,茎短缩,在营养生长期可形成扁圆的茎盘,茎盘上抽生筒状花薹,花薹呈中空状,在总苞中逐渐形成气生鳞茎。洋葱叶呈筒状中空,叶稍弯曲并有蜡粉,叶鞘基部互相抱合形成假茎,后来逐渐变得肥大而形成肥厚的肉质鳞状茎。每个鳞茎可以抽生 2～4 个花薹,薹的顶端形成伞形花序。种子小,呈粒状,盾形,千粒重 3～4 克。

2. 对环境条件的要求　洋葱较耐旱,适应性强。对湿度要求较低,生长适应温度为 5℃～26℃,生长适宜温度为 20℃左右,幼苗生长适温为 12℃～20℃。对水分条件要求不严,比较耐旱,要求空气相对湿度为 60%～70%。要求土壤比较干旱,只有在鳞茎膨大期需要保持土壤湿润。洋葱的光照与品种有很大关系,一般南方品种属于短日照,日照在 12 小时以下,有利于鳞茎的形成;北方品种属于长日照,日照在 15 小时以上,才有利于鳞茎的形成。早熟品种多属于短日照,中晚熟品种多属于长日照。对光照强度,要求中光照。洋葱为喜肥作物,尤其需要较多的磷、钾肥。按每 667 米² 3 000 千克产量计算,需氮 14.3 千克、磷 11.3 千克、钾 15 千克。在幼苗期,应以氮为主;鳞茎膨大期,需施磷、钾肥。洋葱对土壤要求较严,喜疏松肥沃、保水力强的中性土壤。

(二)育苗技术

1. 播种期　洋葱一般用种子繁殖。我国北方对洋葱实行秋播冬贮、春栽夏收的生产流程:秋播一般在 8 月中下旬开始播种,11 月上中旬使其苗龄达到 60～70 天,这时进行假植。在翌年 3 月份,即可进行顶凌定植。在保护地,多在冬前 11 月份育苗。

2. 品种和播种量　白皮洋葱多为早熟品种,黄皮洋葱多为中早熟品种,红皮洋葱多为中晚熟品种。我国北方应选早熟或中早熟品种,如莩荠扁、黄皮葱头和北京农家的紫皮葱头等。一般每 667 米² 播种量为 4～5 千克,每 667 米² 秧苗可移栽 6 670 米² 生产田。

3. 种子催芽和播种　先将种子用清水浸泡 5 分钟,再用 45℃～50℃水搅拌浸种 20 分钟,捞出后在 30℃水中浸泡 3～5 小时,用清水淘洗干净后即可在 25℃条件下保湿催芽。当 60% 的种子露白时,即可播种。

播种前先配制床土。一般的比例是:用 5 份肥沃园田土、4 份充分腐熟马粪和 1 份过筛的细沙或炉渣,每立方米床土再加入尿素 5 千克、过磷酸钙 10 千克,均匀混合后,在床面上平铺 5 厘米厚,或装入营养钵备用。

在气温 20℃左右时即可播种。播种时先浇足底水,再覆盖一层细干土,然后播种。在床土上进行撒播,株距 1 厘米即可,播后覆盖 0.5～0.8 厘米厚细土,然后盖塑料膜保温保湿。也可采用干籽播种,其方法是:先播种,覆土后稍镇压再浇水,然后覆膜保温保湿。播种后直至出苗前都要保温保湿,如果土壤较干,要喷水。出苗后,则要中耕松土,促使根部生长,并控温在 18℃～20℃之间,以保证冬前达到壮苗标准。

4. 壮苗标准 冬前苗龄在 70 天左右(春播春栽的洋葱苗龄 60 天左右),株高 15～20 厘米,茎基部粗 0.6～0.8 厘米,有 3～4 片真叶,秧苗根系较多,植株无病虫害。

5. 育苗注意事项 出苗后,若苗床干旱,则茎较粗,而叶片较小,叶色墨绿,呈短缩苗状,这时应适当浇小水。

温度高而且湿度又较大时,则叶片徒长,叶鞘长而间距大,叶片细长下垂,这时应适当降湿降温。

播种太早或秧苗过大,则易早抽薹,因而应适时播种,冬前达到壮苗标准,以预防早期抽薹。

对于秋播春栽的洋葱苗,冬季要做好囤苗假植工作。在土壤封冻前起苗,每百株捆一把,在地势较高的地里挖 20 厘米深的浅沟(长宽不限),将秧苗密集假植在沟内,然后分次覆土。一般假植后 3～5 天即封冻最好。为了防止地面裂缝透风受冻,可以随时覆细土弥缝,以保护幼苗不受冻为准。

(三)适时定植

洋葱根系浅,生长期需要的肥料多,所以在整地前需要多施基肥,一般每 667 米^2 施用腐熟优质粗肥 800 千克、过磷酸钙 50 千克,普撒后耕翻 20 厘米,然后做宽畦,畦宽 1.2 米,长 6 米,畦面覆地膜烤地。春季在土壤化冻时,就可及时定植,定植的株行距以 15 厘米×20 厘米为宜。或者每畦 5 行开沟定植,株距 15 厘米。定植时适当浅栽,覆土后以埋住小鳞茎为度。覆土后稍加镇压,然后再按畦浇水。浇水时要缓慢,不可冲倒秧苗,更不可漂秧。

(四)定植后的田间管理

定植后,要采取保温保湿措施,也可扣小拱棚保温,保持温度为 18℃～20℃,一般经 4 天即可缓苗。缓苗后,应适当通风降温降湿,促使根系生长,并要进行中耕松土,以提高地温。缓苗后 1 周左右,开始浇水追肥,应少施氮肥,多施磷、钾肥,一般每 667 米^2 随水施尿素 10 千克,施磷、钾肥 20 千克,以促茎叶生长强壮。当地上叶片生长显著减慢时,地下的小鳞茎则迅速增长,当鳞茎 3 厘米左右时,应再次追肥浇水,每 667 米^2 随水追施尿素 15 千克、复合肥 10 千克。一般每 2 周追肥 1 次,并且要一直保持土壤湿润。洋葱一般露地越夏,所以在下雨后要及时排除积水,热雨过后必须用井水漂园。

(五)适时采收

洋葱鳞茎膨大期,地上叶片开始停长,到夏季高温前,洋葱外层 2～3 叶片开始枯黄,假茎逐渐失水变软并开始倒伏,这时鳞茎停止膨大,其外层鳞片也逐渐革质化,正是洋葱的收获期。为了使洋葱收获后便于贮运,应在收获前 1 周停止浇水。有时为了提前腾地倒茬,在地上假茎刚变软时,可人为地将假茎踩扁使其倒伏在地,促使提前进入采收期。收获时应在晴天连根拔起,充分晾晒,而后再进行贮藏。

(六)栽培管理中应注意的事项

1. 预防洋葱早期抽薹 洋葱早期抽薹,除了小葱头的品种原因,还因春播过早或秋播过晚而遇到低温,同时,定植后很快通过春化也容易抽薹。另外,洋葱属于绿体型通过春化阶段的蔬菜,一般在幼苗期的假茎 0.6～0.9 厘米,9℃以下低温时间太长,也容易通过春化抽薹开花。所以,针对上述情况,在生产上设法预防,就可防止洋葱早期抽薹。

2. 洋葱不长葱头的原因 土壤温度太低,不利于营养生长;另外,肥水过大,又遇秋后的冷湿环境,使叶片枯黄,而不长葱头,或者使葱头营养积累太少,而只长叶片,不长葱头。

(七)病虫害防治

1. 洋葱锈病 这是在低温缺肥情况下发生的真菌病害。发病的叶片与假茎有椭圆形浅黄色凸斑,后期表皮破裂散发出黄色褐色粉末。防治措施是:加强田间管理,预防低温缺肥。发病初期,可喷施 15% 三唑酮可湿性粉剂 2 000 倍液,或喷施 70% 代森锰锌可湿性粉剂 1 000 倍液。

2. 洋葱软腐病 洋葱软腐病属于细菌性病害。病叶下部有乳白色斑点,叶鞘基部软化腐烂,鳞茎呈水渍状腐烂并有臭味。防治措施是:在田间管理方面,要预防高温高湿;在发病初期,可喷72% 硫酸链霉素可溶性粉剂 2 000 倍液。

3. 洋葱黄矮病 这是由病毒引起的传染病,在高温干旱条件下通过蚜虫传播。病叶呈扭曲状变细并有波纹,叶尖黄,有黄绿斑。防治措施是:加强田间管理,预防高温干旱,及时防治蚜虫。为了提高植株的抗病性,可进行叶面喷肥。在发病初期,应喷施 20% 吗胍

• 乙酸铜可湿性粉剂 500 倍液，每 667 米^2 用药液 40 千克。

4. 洋葱的虫害　洋葱的害虫，主要是蚜虫。防治措施是：预防高温干旱；在栽培畦内挂银灰色塑料膜驱蚜，也可用黄色机油板诱杀，或喷施乐果乳油防治。

二十、菜　豆

菜豆，又称豆角、芸豆、四季豆、玉豆。

(一)生物学特性

1. 形态特征　菜豆属于豆科菜豆属 1 年生缠绕性草本植物。它根系发达，主根和多级侧根形成根群，根系易木栓化，侧根的再生力弱，根上有根瘤可起固氮作用。茎有蔓生缠绕和矮生直立两种，分枝力弱，茎基部的节上可抽生短侧枝。叶片为绿色椭圆或心脏形复叶，着生在茎节处。花为蝶形，由茎节的花芽发育而成，花有白、红、黄、紫等颜色，每个花序有 3～7 朵花。果为白色、淡绿色或绿色，成熟后易扭曲开裂。种子为肾脏形，有黑、白、茶色或花色之分，千粒重 300～600 克。

2. 对环境条件的要求　菜豆喜温暖潮湿的环境。不同的生育阶段要求的温度不同，适应温度范围为 10℃～35℃，适宜温度为 18℃～25℃，土壤的临界温度为 13℃。菜豆喜湿润，但不耐涝，也不耐旱，适宜的土壤湿度为 80% 左右。菜豆为喜光植物，不同菜豆品种对日照长短的要求不同，有短日照型、中日照型和长日照型之分，多数为中日照型。菜豆喜磷、钾肥，同时要配施氮肥和适量的硼、铜微肥。对氮肥喜硝态氮，用铵态氮易影响生育。菜豆要求土层深厚，富含有机质，排水良好的壤土为好，土壤的酸碱度以氢离子浓度 100～630 纳摩/升(pH 值 6.2～7.0)为好。

(二)育苗技术

1. 播种和育苗期 菜豆是对温、光要求严格的作物，而且根系再生能力差，所以必须采用营养钵、纸袋或营养土方育苗，如在露地或棚室内育苗则宜选用蔓生性品种。生产上多采用直播法，一般用小苗定植，苗龄不可超过 20 天。在春季保护地栽培，多在 2～3 月份育苗，3 月份即可定植。一般 7～8 月份育苗，8 月份定植，苗期正值气温偏高时期，所以应采取遮阳防雨措施。

2. 品种和播种量 菜豆对温、光要求较严。在品种选择方面，分为架豆和矮芸豆。春播架豆品种有绿龙、大扁荚、83-B 和特选 2 号等，夏、秋还可播种丰收 1 号。矮生芸豆品种有供给者、优胜者、冀芸 2 号、冀研 48 号等。架豆每 667 米² 播种量为 5～6 千克，矮生豆每 667 米² 播种量为 12 千克。

3. 播种与苗期管理 对床土要求较宽，在肥沃园田土的基础上适当加些草木灰即可。床土最好装在营养钵内。播前浇足底水，撒一层细潮土，然后播种干种子。每个营养钵内播 3 粒种子，最少播 2 粒。播后覆潮湿细土 1 厘米左右，接着盖塑料膜保温保湿。如果在露地直播，播种时每 667 米² 要施用敌百虫 1 千克，以防治地下害虫。然后控制气温在 20℃ 左右，保持床土潮湿，一般播后经 7～8 天即可出苗。出苗后，即可揭去塑料膜，以利于降温降湿。气温控制在 18℃～20℃，以床土潮湿为宜。

4. 壮苗标准 壮苗的苗龄为 15～20 天，植株高 5～8 厘米，有 1～2 片真叶时，就可定植。如果是大龄苗，则应采取良好的护根措施。

5. 育苗注意事项 育苗温度过高，则叶片呈阔圆形；若温度过低，则叶片呈柳叶状；若夜温高，光照弱，则秧苗下胚轴变长。

(三)适时定植或定苗

在生产上菜豆多采用直接穴播法,而且很少间苗。如腾茬较晚,或因气候条件暂不适宜露地播种时,则应事先育苗,并实行小苗定植移栽。

定植前先施肥整地,每 667 米^2 施腐熟粗肥 3000 千克、过磷酸钙 80 千克,普撒后耕翻 25～30 厘米,然后做成 1.2 米宽的大畦。在冬、春季节,应提前 1 周覆盖地膜烤地,当地温稳定在 15℃以上时才可定植。种植甩蔓的架豆,采取每畦双行、小行距 50 厘米、穴距 30 厘米进行定植。种植无蔓的矮生菜豆,采取每畦 3 行、穴距 35 厘米进行定植。栽苗后稍加镇压,然后按畦浇水,以水能洇透营养土块为度。栽后为了保温保湿,可支小拱棚,保持气温在 20℃左右和土壤潮湿,一般经 3～4 天即可缓苗。

(四)定植定苗后的田间管理

定植后,秧苗长到 3～4 片真叶时,可结合浇水每 667 米^2 施尿素 15 千克,促使茎叶生长。同时,对于蔓生架豆,应插人字架并绑架,以备秧蔓盘绕上架。此后,则暂不浇水,直至第一花序的幼荚长至 3～5 厘米长时,再进行浇水。俗称"浇荚不浇花",花期一般不浇水,否则易引起落花落荚。

结荚后开始浇水,并要始终保持土壤湿润,每半月左右追施 1 次尿素(每 667 米^2 施用 10 千克)。同时,也可追施叶面肥,一般用 0.5% 的磷酸二氢钾或 0.4% 尿素水喷施。

结荚后期,植株进入衰老时期,要及时摘掉植株下部的病、老、黄、残叶片,以改善通风透光条件。同时,可继续加强水肥管理和叶面喷肥,以促使侧枝生长和潜伏芽发育成结果枝。

在整个田间管理过程中,畦内不可积水,夏天热雨过后要涝浇园,土壤能保持湿润即可。在棚室内栽培的架豆,为不影响光照,应采取吊蔓方法,而且当蔓爬近屋顶时,应及时落秧或打尖。

(五)适时采收

　　一般蔓生菜豆播种后 65~75 天,即可开始采收,并可连续采收 1~3 个月。矮生无蔓菜豆播种后 60 天左右就可采收,采收期 1 个月左右。一般从开花到采收需 15 天左右,在结荚盛期,每 1~2 天就可采收 1 次。采收时,应采大留小,不可损伤茎蔓。要趁豆荚充分长大,而荚壁仍处于幼嫩状态时采收。采摘应在无露水时进行。矮生种每 667 米² 可产 1 000 千克左右,蔓生种每 667 米² 可产 1 500~2 000 千克。

(六)菜豆生产历程

　　菜豆生产历程,如表 3-11 所示。

表 3-11　菜豆生产历程

栽 培 形 式	播 种 期	定 植 期	采 收 期
温室秋冬茬	10 月下旬至 11 月上旬		翌年 2 月上旬至 5 月上旬
温室冬春茬	1 月中旬至 2 月上旬	3 月中旬至 3 月下旬	5 月上旬至 7 月中旬
春　　　棚	2 月下旬至 3 月上旬	3 月下旬至 4 月上旬	5 月上旬至 7 月下旬
春　露　地	4 月上旬至 4 月下旬		6 月中旬至 7 月下旬
早 夏 栽 培	5 月中旬至 5 月下旬		7 月中旬至 9 月上旬
夏 播 架 豆	6 月下旬至 7 月上旬		8 月中旬至 10 月上旬
秋　大　棚	7 月下旬至 8 月上旬		9 月中旬至 10 月下旬

(七)病虫害防治

1. 菜豆炭疽病

　　(1)发病条件　菜豆炭疽病属于真菌性病害。病菌在种子或病残体上越冬,通过伤口或茎叶表皮直接侵入植株,如果种子带菌则直接产生病体,借助雨水、田间作业及育苗进行传播。在气温16℃～23℃、空气相对湿度98%的条件下,易发此病。

(2)主要症状　菜豆炭疽病可危害叶片、茎、荚和种子。病叶的叶脉有红褐色条斑,后期变成黑色网状斑。茎和叶柄染病有褐色凹陷龟裂斑,后期变成黑褐色长条斑。豆荚染病有黑色圆形凹陷斑,潮湿时有粉红色物质。种子染病则有黄褐色或褐色凹陷斑。

(3)防治措施　一是实行2年以上菜田轮作。二是选用抗病品种。三是对种子进行消毒,用种子重量0.4%的50%多菌灵可湿性粉剂拌种,或者用60%多菌灵盐酸盐超微粉600倍液浸种30分钟。四是药剂防治。在保护地用45%百菌清烟剂熏治(每667米²用250克);喷施75%百菌清可湿性粉剂800倍液,或50%甲基硫菌灵可湿性粉剂800倍液。

2.菜豆根腐病

(1)发病条件　菜豆根腐病属于真菌性病害。病菌在病残体上或土壤中越冬,通过伤口或表皮侵入植株,借助雨水、灌溉或田间作业进行传播。当气温在28℃～30℃条件下,土壤含水量大的黏质土地易发此病。

(2)主要症状　菜豆根腐病危害茎和根。病茎的基部有黑褐色斑点,维管束变褐,潮湿时生有粉红色雾状物,后期逐渐腐烂坏死。根部染病则有黑色斑点,维管束呈褐色,逐渐腐烂。同时,受根染病的影响,地上部分的茎、叶萎蔫枯死。

(3)防治措施　一是实行2年以上菜田轮作。二是对种子和土壤进行消毒。三是加强田间管理,预防高温高湿。四是喷施50%多菌灵可湿性粉剂1000倍液。

3.菜豆枯萎病(又称萎蔫病或死秧)

(1)发病条件　菜豆枯萎病属于真菌性病害。病菌在病残体或土壤中越冬,通过伤口或根毛直接侵入植株,如果种子带菌则直接产生病株,借助雨水或田间作业进行传播。在气温24℃～

28℃、空气相对湿度为 80％以上时,低洼地块发病严重。

(2)主要症状 菜豆枯萎病可危害叶片、茎、荚和根。病叶黄化,叶脉变褐,叶片易干枯脱落。病茎的维管束呈黄褐色。根部染病,使根系变褐腐烂,根毛脱落。豆荚染病,则背部的腹缝合线呈黄褐色。

(3)防治措施 一是实行 3 年以上菜田轮作。二是选用抗病品种。三是对土壤进行消毒,用 50％多菌灵可湿性粉剂 500 倍液,加 250 倍液的 10％双效灵水剂和 400 倍液的 50％琥胶肥酸铜可湿性粉剂浇灌播种床。四是对种子进行消毒,用种子重量 0.4％的 50％多菌灵可湿性粉剂拌种。五是加强田间管理,预防高温高湿。六是喷施 50％腐霉利可湿性粉剂 1500 倍液,或用 75％百菌清可湿性粉剂 600 倍液喷雾。

4. 菜豆锈病

(1)发病条件 菜豆锈病属于真菌性病害。病菌在病残体上越冬,通过叶片上的水滴侵入植株,可借助风雨或灌溉进行传播。在气温为 20℃左右、空气相对湿度 85％以上的高湿结露条件下,易发此病。

(2)主要症状 菜豆锈病可危害叶片、茎蔓和豆荚。病叶上有黄绿色突起斑,逐渐变黄,表皮破裂后散出粉红色物质,后期还可出现黑色疮斑,有的叶片两面有白色突起,严重时叶片枯死。茎蔓染病有黄绿斑,表皮破裂后散发红粉,后期还可出现黑色疮斑。豆荚染病则表皮有黄绿色突起斑,破裂后散出褐色粉状物。

(3)防治措施 一是选用抗病品种。二是加强田间管理,预防高湿。三是喷施 15％三唑酮可湿性粉剂 2000 倍液,或者喷施 70％代森锰锌可湿性粉剂 1000 倍液。

5. 菜豆细菌性疫病(又称火烧病或叶烧病)

(1)发病条件 菜豆细菌性疫病属于细菌性病害。病菌在种子上越冬,通过植体的伤口或表皮气孔侵入,借助于风雨或田间作业进行传播。当气温24℃～32℃、空气相对湿度95％以上,有雾露天气时最易发病。

(2)主要症状 菜豆细菌性疫病可危害叶片、茎蔓和豆荚。病叶的叶尖或叶缘有暗绿色油渍斑,潮湿时病斑可溢出菌脓,逐渐变成褐色薄膜状病斑,最后整个叶片扭曲枯萎并变为黑色。茎蔓染病有褐色凹陷条斑,潮湿时有菌脓溢出,使病茎以上的植株枯萎。豆荚染病有暗绿色油渍斑,逐渐变成褐色圆形凹陷斑,豆荚皱缩,并进一步侵染种子,使种皮皱缩,有黑色凹陷斑,潮湿时种脐处有菌脓。

(3)防治措施 一是实行菜田轮作。二是加强种子检疫。三是对种子进行消毒,用45℃水浸种10分钟,或用种子重量0.3％的50％福美双可湿性粉剂拌种。四是加强田间管理,防止高温高湿。五是喷施72％硫酸链霉素可溶性粉剂4000倍液,或者喷施1％硫酸链霉素·土霉素可溶性粉剂4000倍液。

6. 菜豆虫害 菜豆害虫,主要有潜叶蝇和根蛆。防治潜叶蝇,可喷施1.8％阿维菌素乳油2000倍液;防治根蛆,可用90％晶体敌百虫1000倍液灌根。每穴用药液250克。

二十一、荷 兰 豆

荷兰豆,又称软荚豌豆,是嫩荚可食的一种豌豆,也称菜豌豆,或称小青豆。

(一)生物学特性

1. 形态特征 荷兰豆属于豆科豌豆属1年生或2年生攀缘性草本植物。荷兰豆根系比较发达,根瘤较多。茎有直立(矮生)、半直立和蔓生3种类型。直立型茎高0.5～0.8米,茎圆形、中空、绿色,被覆少量白粉,栽培时可不立支架,食荚豌豆多栽培这种类型。直立荷兰豆的叶片呈绿色羽状复叶，小叶片呈椭圆形，顶叶变为卷须，茎节上有较大的托叶；花为总状花序，着生在叶腋间，开白色或紫色小花，属于自花授粉作物；荚果长而扁，深绿色，嫩脆清香；种子粒小而圆，绿粒或黄绿居多，也有黄粒和花粒种子，种子发芽时不露出地面，属于下位发芽，种子百粒重 20～25 克。

2. 对环境条件的要求 荷兰豆喜温和气候，较耐低温，种子在 2℃～5℃时开始发芽，在 15℃～18℃条件下生长较快，在高温下不易发芽，生育期适温 15℃～20℃，超过 25℃时对开花不利。对水分要求不严，保持土壤潮湿最好，土壤见湿见干都可正常生长。荷兰豆属于长日照作物，结荚期需要 12 小时以上的光照。豆根虽有根瘤，能起固氮作用，但不能满足需要，特别在苗期应补充氮肥，在生长盛期应补充磷、钾肥。荷兰豆在微酸性土壤中生长良好。

（二）播种和育苗

1. 选择优良品种 食荚豌豆品种较多，目前推广的有软荚豌豆、大荚豌豆、台中 11 号豌豆、食荚大菜豌豆 1 号、甜脆食荚豌豆 87-7、京引 8625 和草原 21 号等。这些品种的共同特点是：茎叶粗，嫩荚肥大，优质高产。

2. 浸种催芽 将选好的豌豆种子去杂去劣，用 55℃热水搅拌烫种 15 分钟，然后再用 25℃～28℃温水浸泡 6～8 小时，直至种子吸水后充分膨胀，种皮的皱纹消失，胚根在种皮里清晰可见为止。浸种不可用铁器，另外容器下还要有排水孔排除多余的水分，最好每 4 小时用清水淘洗 1 次。浸种后将种子放在 25℃条件下保湿催芽，经 1～2 天即可出芽。出芽后，即可播种。

3. 育苗管理 按照上述菜豆育苗的床土配制营养土。将床土装入营养钵，浇足底水，再撒一层细干土后就可播种。每钵内播 2～3 粒催芽的种子，然后再覆盖 1 厘米床土，接着覆盖塑料膜保温保湿（也可用干种子播种）。在气温 18℃～20℃、地温 15℃以上的条件下,经 2 天即可出苗(干播 4～6 天出苗)。出苗后,适当控水,促使生根。当幼苗长到 4～6 片叶时,就可定植。

(三)定植与田间管理

1. 施肥整地　春季 3 月播种。在定植前 10 天施肥整地,每 667 米² 施腐熟的优质粗肥 5 000 千克、尿素 15 千克、复合肥 40 千克,普撒后耕翻 20 厘米,然后做成 1 米宽的高畦,再覆膜烤地。当地温稳定在 15℃、气温在 20℃～25℃时,就可定植。

2. 合理定植　按每畦 3 行、穴距 15 厘米开沟定植。栽苗后,覆土稍作镇压,再按畦浇水,以水能洇湿畦面为宜。为了保温保湿,还可支小拱棚。也可按此法进行干种直播,每穴播 3 粒种子,播种量为矮生种每 667 米² 15～20 千克,蔓生种每 667 米² 8～12 千克。

3. 定植后的田间管理　定植缓苗后,实施中耕松土,促使根系生长。一般在出现花蕾前不浇水,如果土壤特别干旱,可适当浇小水。开花后,豆荚长到 2～3 厘米时,开始追肥浇水,随浇水每 667 米² 施尿素 15 千克,或者每 667 米² 施三元复合肥 20 千克。对于蔓生和半蔓生品种,当卷须出现时就要插支架,可用竹竿插单排立架,并要用人工引蔓上架或绑蔓。在生长旺期,如果发现有脱肥现象,可以对叶面喷施 0.2% 尿素或磷酸二氢钾溶液。在高温多雨季节,要设法降温降湿,如支遮阳网或与高秆作物间作。此外,畦内不可积水,热雨过后进行涝浇园。

(四)适时采收

一般在开花 10 天后,即可采食嫩荚。也就是说,当嫩荚充分长大,但籽粒还没饱满时即可采摘。如果需要采收豆粒,则应在开花后 30～40 天,荚皮变黄,豆粒变硬时再采收。收获时应在清晨进行,以防荚皮爆裂。

(五)病虫害防治

豌豆的病害主要有褐斑病,可用 75％百菌清可湿性粉剂 500 倍液,或 70％甲基硫菌灵可湿性粉剂 600～800 倍液喷雾。也可发生白粉病,可用 45％硫磺悬浮剂 300～400 倍液,或 20％三唑酮乳油 1 000～1 500 倍液喷雾。预防落花落荚,可喷 30 毫克/千克的防落素。

荷兰豆的主要害虫为蚜虫,可喷 5％抗蚜威可湿性粉剂2 000 倍液。另外,还有害虫潜叶蝇,可用 1.8％阿维菌素乳油 2 000 倍液进行防治。

二十二、香椿芽苗菜

香椿芽苗菜属于芽苗蔬菜的一种,其经济效益和社会效益都比较好。为了提高生产场地的利用率,适宜推广多层立体无土营养液栽培。

(一)生产的主要设备

1. 多层立体培养架 多层立体培养架,可以用竹木结构或铝合金结构。为了便于操作,多层立体培养架一般高 2 米左右,每架 5～6 层,每层的间距 35 厘米左右,相当于芽苗菜高的 1.5～2 倍,如果用多层立体培养架生产有食用和观赏价值的"整形蔬菜",如番茄、辣椒、人参果、小黄瓜、茄子等,培养架各层的间距应在60～80 厘米,或者在每层间距 35 厘米的基础上,每隔一层装设一层可以拆装的横带,装上横带就可用育苗盘生产芽苗菜,拆下横带就可生产有观赏价值的"整形蔬菜"。

多层立体栽培架的宽度,以 60 厘米为宜,相当于标准育苗盘的长度;长度以 2.7 米为宜,并排可放 10 个育苗盘。

2. 育苗盘 目前多用塑料育苗盘,长 60 厘米(相当于培养架宽),高 5 厘米(供普通芽苗菜生根发芽用),宽 25 厘米,培养架每层可摆 10 个育苗盘。育苗盘的盘底要有筛孔,以利于透水通气,还要有拉筋,保持固定形状。如果生产"整形蔬菜"或某些大秧棵蔬菜,则需要育苗盆,用木制盆或烧瓷盆都可以,其长、宽、高都应在 30 厘米左右。

3. 喷淋设备 香椿芽苗菜需要经常喷淋水或营养液,因此在培养室内应有可调节的喷淋设备,包括调节生产场地湿度的设备。

4. 调温设备 香椿芽苗菜生产的主要环境因素是水分和温度,只有在适宜的温度范围内,才能栽培出优质高产的芽苗菜。特别是一年四季都生产芽苗菜的,更需要采用降温放风和增温保温的措施来调节气温。因此,必须装设增温的暖气、电热线,以及降温的凉棚、鼓风机等设备。

5. 其他设备 生产香椿芽苗菜,还需要设有浸种池、消毒洗刷池、催芽室或催芽罐,以及气温表、湿度计、选种用具等。如果用自行车销运,还应有集装架,每辆自行车可载 10 盘芽苗菜。

(二)生产技术

1. 选种 要选用当年的香椿新种子,要求籽粒饱满,颜色新鲜,红黄色种皮,淡黄色种仁,净度在 98% 以上,发芽率在 90% 以上。香椿种子的生命力只有 7~8 个月,保存的种子必须放在阴凉通风处,并且要带着种子的翅翼保管。香椿芽苗菜的最佳品种,是陕西、河南的红香椿。生产前,必须淘汰陈旧种子、受热走油的种子、霉烂变质的种子和破残瘪蛀的种子。如果发现种子呈黑红色,有油感有光泽,无香椿籽味而有霉味、怪味等,都不能作为生产香椿芽苗菜的种子。如果种子特别干燥,用手抓如同抓粮食一样,则这样的种子也不能使用。选种是香椿芽苗菜生产的关键,必须把好这个关口。选好种子后,要通过水选去瘪去杂,也可用簸箕簸或风选去瘪去杂,以提高种子纯度。

2. 烫种　将选好的香椿种子,用45℃水搅拌烫种15分钟,也可用5倍于种子的45℃热水搅拌烫种,逐渐降温至25℃,随后用25℃温水淘洗种子,直至种子无黏滑感,然后再用温清水洗干净。

3. 浸种　将烫后淘洗干净的香椿种子,放在25℃~28℃温水中浸泡10~12小时,每4小时用25℃温水淘洗1次,一直浸泡到种皮吸水充分膨胀,用手一捻种皮即破,露出两片白色种瓣为止,随后用25℃温水反复淘洗,直到种皮干净为止。

4. 催芽　将浸泡好的香椿种子淘洗干净后,放到干净灭菌的木盆或陶盆内(注意不可用铁器,盆下面要有一定数量的排水孔,或为网眼底)。器皿的消毒方法是:用高锰酸钾1000倍液,或40%甲醛300倍液,或用75%百菌清可湿性粉剂600倍液浸泡器皿30分钟,然后用清水洗刷干净即可。把种子放到容器内,以占容积的1/3为宜。种子平铺放置厚度为10~15厘米,而且要下铺上盖消毒干净、有遮光保湿性能的报纸或棉布,也可覆盖塑料膜。然后,放置在温度为20℃、空气相对湿度为80%的环境中,在遮光条件下催芽。每4小时用20℃清水淘洗1次,并且将种子的上、中、下层充分混合,同时要仔细淘汰霉烂变质的种子,并要保证催芽盆底不留积水。这样处理3~5天,种子就可露白,这时就可进行椿芽和椿苗生产操作。

5. 香椿芽生产管理　将催芽露白的香椿种子,用20℃温水淘洗干净,再放进消毒干净、底部有排水孔的木盆或陶盆里,平铺3~5厘米厚(一般厚度相当于种子长度的15~20倍)。如果种子铺得太厚,则下部压力太大而发芽慢。如果种子铺得太薄,种子的压力太小而芽体细长。小批量生产,则可将种子在育苗盘内平铺一层。然后,将盛种子的容器放置在20℃~22℃、湿度为80%的遮光条件下培养,每6小时喷淋20℃清水1次。喷淋水要仔细、缓慢,在容器上面淋水,同时在容器下面排水,淋水时必须淹没种子,同时使全部水分都要从容器下面的排水孔慢慢地排净。在喷淋水的过程中,要趁容器内积水多的时刻,将漂浮在上面的种壳清除掉。另外,每天上午随着喷淋水倒缸或倒盆1次,将容器内上、中、下层的种子充分淘洗,均匀混合。这样长出的芽体均匀健壮,否则容器的上层芽长,四周和底层的芽短。在育苗盘内,只喷水和淘汰无芽霉烂的种子即可。如上所述,重复操作2～3天,椿芽可长到0.5厘米左右,这时期为胚根伸长期。以后,再喷淋水时不再倒缸,而且喷水时要缓慢和仔细,不可冲动发芽的种子。

为了使椿芽不长须根,必须抑制胚根生长,可用15毫克/千克的无根豆芽素水(简称"激素水")浸泡种子半分钟。具体操作方法是:先用20℃清水喷淋种子,直到容器底的排水孔开始排水为止。这时堵上排水孔,再用激素水慢慢喷淋种子,直至全部种子浸泡到激素水里为止。然后,继续浸泡半分钟,再打开排水孔,彻底排净激素水,并及时用20℃清水将残留在种子上的植物激素全部淋洗干净(注意喷淋要仔细、缓慢,而且不可冲动种子)。这样,激素水对上、中、下层种子浸泡的时间相同,芽体生长才会一致。以后,仍每6小时淋温水1次,这样平均每天芽体伸长相当于种子长度的1.5倍。当芽体长到1.5～2厘米时,是椿芽的主体伸长期,可用10毫克/千克的细胞分裂素,加10毫克/千克的赤霉素(简称药水),浸泡种子1分钟,这样有利于芽体的增长增粗。其处理的方法,同使用激素水的处理方法一样。当椿芽长到3.5～4厘米时,可用15毫克/千克的细胞分裂素,加15毫克/千克的赤霉素和0.2%尿素混合液(简称混合液),浸泡种子1.5分钟。其处理方法,与使用激素水的处理方法相同。这样,不仅有利于芽体加长加粗,而且又补充了营养。如用育苗盘生产椿芽,只要按时喷淋激素水、药水和混合液即可,不必再浸泡种子。

椿芽上市前的处理方法是:当椿芽长到5厘米以上时就可上市。在缸、盆里培养的椿芽,如果遮光不好,表层芽体会变绿,上市前应用快刀将变绿部分的芽体割掉,然后再将椿芽一把一把地从容器内拔出来,在淘洗池内漂洗干净,并将表层中层和下层的椿芽充分掺合在一起,然后再用塑料盒包装上市。对于表层芽体变绿的椿芽,也可单独捆把,作为椿苗销售。

6. 香椿苗生产管理 首先,要将育苗盘进行彻底消毒,可用40%甲醛100倍液,或用百菌清、多菌灵600倍液浸泡30分钟,然后再用干净清水冲洗干净,放入4厘米厚消毒灭菌的基质中(例如细沙、炉渣等皆可),也可放置在报纸或黑色、白色的棉布上,然后逐盘撒播一层经过催芽的种子,接着喷淋20℃清水,再覆盖上一层基质或盖上黑色塑料膜,放置在气温为20℃～22℃、空气相对湿度为80%左右的遮光环境条件下培养。每6小时用20℃清水喷淋1次,每隔两次喷水即第三次喷水时加入药水进行喷淋,以后仍旧每6小时喷淋温水1次,直至长出幼苗。

幼苗期要预防猝倒病,除了对用具、种子和基质进行彻底消毒外,还要预防低温高湿。降湿可经过放风和控水解决,预防低温可用温水喷淋或用电热线加温等方法,有的也可扣小拱棚、烧暖气来保温增温。另外,在喷淋温水的时候,应适当加入混合液,以补充营养,促使幼苗生长健壮,增强抗性。

在幼苗1叶1心期、2叶1心期、3叶1心期,分别喷淋1次混合液,不仅可促使秧苗快长,而且还能补充营养。其他时间仍按每6小时喷淋20℃清水1次,一切操作都必须在遮光条件下进行。当幼苗长到3叶1心时,即地面上幼苗高10厘米左右、地下根5厘米左右时,就可使幼苗按照遮光→见散射光→见直射光的程序,一般通过1天的散射光锻炼,第二天就可见直射光。经2天后,趁根、茎、叶尚未木质化,茎、叶变黄绿或紫绿时,就可收获上市。

收获一般在早晨9时左右进行,将椿苗一把一把地连根拔起,用清水洗净甩干,用塑料盒包装上市。也可用托盘上市,然后回收塑料育苗盘和盘内的基质细沙、珍珠岩或细炉渣等。这些物品回收后,经彻底消毒,可以再用。

(三)香椿芽苗菜生产流程

香椿芽苗菜的生产流程是:

精选优种→烫种浸种→淘洗催芽→{ 椿芽生产
椿苗生产

①椿芽生产:上盆、喷淋倒盆→喷淋激素水→喷淋药水→喷淋混合液→椿芽长到 5 厘米以上时采收。

②椿苗生产:培养基质装盘→催芽种子上盘→清水喷淋→药水喷淋→出苗后混合液喷雾→1 叶期、2 叶期、3 叶期混合液喷雾→株高 10 厘米时见散射光→见自然光照→根、茎、叶尚未木质化前采收。

说明:

①激素水:即 15 毫克/千克的无根豆芽素水。当椿芽长到 0.5 厘米时,用激素水浸泡半分钟。

②药水:即 10 毫克/千克的细胞分裂素,加 10 毫克/千克赤霉素的水溶液。当椿芽长到 1.5～2 厘米时,用药水浸泡 1 分钟。

③混合液:即 15 毫克/千克的细胞分裂素,加 15 毫克/千克的赤霉素,加 0.2％的尿素。当椿芽长到 3.5～4 厘米时,浸泡 1.5 分钟。

(四)生产中易出现的问题及处理措施

香椿芽苗菜生产周期短,管理要求仔细,基本上无病害发生,但偶尔也会出现烂种、烂芽或其他苗期病害,必须进行有针对性防治。

1. 烂种烂芽防治 预防烂种,首先必须精选种子,要求种子纯度高、发芽率高、生长得快。催芽期要控水防烂,预防高温高湿,控制温度不可过高或过低。在喷淋过程中,不可冲动种子。不但对种子要灭菌,而且对生产场地和工具也必须彻底消毒清洗,所用的基质也要经过灭菌处理。

对烂种烂芽，要及时淘汰。如果是水培法生产，则应将烂种烂芽周围的种芽也同时淘汰，以免扩大传染面。在病源处最好用生石灰消毒；如果是用细沙、炉渣、珍珠岩等基质栽培，可将病源处的培养基质彻底清除，然后再用生石灰消毒。对于因通风不好而造成烂种烂芽，应及时改善通风条件。如果是普遍烂种烂芽，应立即停产，全面消毒。

2. 猝倒病的防治　香椿芽苗菜幼苗期的病害，主要是猝倒病，这是由于连阴雨天气或低温高湿的环境条件造成的。

防治猝倒病的措施是：为了增温保温，可采取喷淋温水，或用地电线或暖气加温，或用支小拱棚和增加覆盖保温。为了预防高湿，则应控水，加强通风，或适当提高生长环境的温度。为了预防连阴雨天的危害，应适当控水，增加温度，增加光照，也可错后生产或提前采收，避开连阴雨天。在幼苗期，可适当喷施 0.2%磷酸二氢钾或 0.1%氯化钙，以提高秧苗的抗病性。

如果接近采收期出现猝倒现象，则应提前采收。

3. 提高香椿芽苗菜的整齐度　如果发现香椿芽苗菜有明显的高度差，生长不整齐，应经常倒换育苗盘的位置和方向，使秧苗接受温湿度和光照均匀；还要适时叠盘、倒缸；同时，要将育苗盘平放，浇水要均匀一致；种子的纯度要高，大小要均匀；也可在芽苗低矮处进行遮光生长，或适当提高温度。采取上述措施后，即可使香椿芽苗菜生长整齐，提高上市价值。

4. 提高香椿芽苗菜的品质　影响香椿芽苗菜的品质，主要是纤维化问题。预防纤维化，必须防止强光照、干旱和高温，还要预防生长期过长。此外，生产香椿芽苗菜的容器，严禁使用铁制品，否则水里容易析出铁锈色，使芽体或幼苗颜色变为暗绿，不受市场欢迎。生产香椿芽苗菜的用水，也不可含铁质太多。如果香椿芽苗菜近根部已经纤维化，收获时只可收割其幼嫩部分。

二十三、豌豆苗

豌豆苗属于芽苗菜类蔬菜。其生产方法简单,生长周期短,而且不受场地限制,投资少,效益高,属于无污染的绿色食品,深受广大群众的喜爱,在市场上很受欢迎。

(一)品种选择

通过生产实践发现,大荚豌豆虽然发芽率高,但在催芽和幼苗生长期易烂种,而且传染很快;而日本小荚豌豆、麻豌豆和青豌豆,则不易烂种。另外,夏季进行豌豆芽苗生产,小粒豌豆较耐高温,而且不易烂种。因此,目前豌豆芽苗生产,主要推广品种有小粒豌豆(也称白玉豌豆)、日本的小荚豌豆和麻豌豆。在生产中,对选定的种子要进行精选,去杂、去瘪粒、去碎粒,清除变质种子,提高种子纯度。

(二)生产的主要设备

生产豌豆苗的主要设备:烫种池、浸种盆、育苗盘、育苗架,以及遮光设备。对各种设备都必须消毒(用石灰或漂白粉),消毒后还必须洗涤刷净。

(三)生产过程

1. 浸种烫种　对选定的品种进行风选筛选,去杂去劣,去霉烂种和碎种。因豌豆种皮较厚,吸水困难,应将种子用 55℃ 水搅拌浸种 15 分钟,然后用 25℃～28℃ 温水浸种 6～8 小时,直至种子吸水后充分膨胀,种皮的皱纹消失,胚根在膨胀透明的种皮内清晰可见时为止。浸种不可用铁器,以免水变黑色。另外,容器还应有排水孔,最好每 4 小时换 1 次水。

2. 上盘上架 浸种后,再进行 1 次种子挑选,淘汰无胚粒、破粒、烂粒和变色粒,然后在育苗盘内铺消毒的报纸或无纺布,或铺一层蛭石、珍珠岩、细沙等保湿物,再将浸泡的种子在盘内平撒一层。估计每盘用干种子 300～400 克,接着喷 20℃温水,随后摆放在育苗架上。也可叠盘(将播种后的育苗盘每6～10 个垒一摞,称为叠盘)。叠盘后,在最上面的盘上覆盖湿麻袋或其他遮光保湿物,放置在 18℃～20℃的气温下保湿催芽。每隔6～8 小时喷淋20℃的清水 1 次,喷水后随即倒盘,使上下盘调换位置。

3. 促芽苗生长的措施 上盘上架后,再用干净的黑塑料膜盖上,或者放在暗室内培养,以促芽苗在黑暗中生长。每隔 4 小时揭开塑料膜喷淋 20℃的清水,以湿透盘内的报纸或铺底的吸湿物而不流水为宜。喷水的同时,要检查发芽情况,淘汰霉烂变质种子,并维持培育室内空气相对湿度在 80％左右,温度在 18℃～20℃(可通过放风或增加覆盖物等措施,调节温湿度)。一般经18～24 小时即可生根,3 天后露出黄绿色子叶,经5～6 天苗高可达 3 厘米左右,子叶也已展开。这时,采取叠盘生产的必须摆开上架,已上架的育苗盘应撤掉黑色塑料膜。为了促使茎、叶继续在黑暗中加速生长,也可在遮光的暗室内培养,每天早晚各喷淋 20℃的清水 1 次,保持空气相对湿度为 80％、温度在18℃～20℃。这样管理4～5 天,苗高可达15～16 厘米,此时逐渐撤掉遮光物,使其逐渐适应增加光照的环境。2 天后可完全撤掉遮光物,使芽苗在自然光照条件下继续生长,并促使芽苗菜由黄绿变深绿,这样才可上市销售。

(四)适时上市

豌豆芽苗菜在保温保湿的黑暗中,培育 12～15 天,秧苗高可达15～18 厘米,再继续在自然光照下培育 2 天,待秧苗由黄绿变绿时,就可托盘上市。上市后,需要多少就可从育苗盘内割下多少,剩余的可继续供水保温,让其继续生长。如果装盒上市,应从豌豆苗的幼嫩处剪下,整齐地装进塑料盒内,然后再用透明膜封好。

(五)生产流程

豌豆芽苗菜的生产流程是:

精选良种→浸烫种子→上盘催芽→叠盘倒盘→上架遮光→见光培养→采收包装

(六)多茬生产技术

豌豆苗在光照过弱条件下,易引起下胚轴伸长,不但使芽苗生长细弱,而且不利于基部的腋芽发育。因此,只有在适当增强光照的情况下,潜伏的腋芽才能发育成分枝。多茬生产,就是利用豌豆苗的这一特点,进行多茬培育侧枝,达到多茬收割(一般可收割3茬)。豌豆芽多茬生产的方法是:每当豌豆苗采收前2天左右,让其接受3 000勒以上的光照(最多不超过6 000勒)。这样,促使芽苗变深绿,茎叶变粗大,第一节位降低。收割时需留下1片真叶或1个分枝,收割后在通风透光处先晒半天,然后再移至5 000~6 000勒光照条件下栽培,以促使第一腋芽和分枝的加速生长。两天后,再恢复到弱光条件下栽培,促使茎、叶加速生长,同时抑制侧芽和小分枝的生长。这样,当芽苗长到一定高度(一般12~15厘米)时,再按照采收前2~3天的管理措施进行,即可收割第二茬。然后重复上述过程,再收割第三茬。

在进行多茬生产的过程中,要注意以下几点。

第一,光照太弱易引起幼苗徒长细弱,光照太强或强光照时间太长,会使豌豆苗的纤维增多,品质下降。因此,光照不可太强,也不可太弱,以3 000~6 000勒光照为宜。

第二,在生产过程中,要注意温湿度的调节。培育豌豆苗的适宜温度为15℃~20℃,空气相对湿度为85%左右。如果有基质,则必须保持湿润。所以,每天最少要喷淋2次20℃的清水,在喷淋时要注意不可冲动种子。

第三,在栽培管理过程中,要注意芽苗的密度不可太大,而且还要注意通风换气。

第四,在多次采收的情况下,豌豆苗往往出现脱肥现象。一般在生产第二、第三茬芽苗时,常会发现因营养不良而茎、叶黄绿或不发苗的现象。因此,需要适时补充营养。一般结合喷水,可加入0.2%的三元复合肥,或加入0.2%的尿素喷施追肥。

第五,豌豆苗茎叶幼嫩,容易失水萎蔫。因此,在销售或运输前,应及时装在保鲜袋中,一般每袋装入250克,封口后再行运销。如果需要暂时保存,可将装袋的芽苗存放在0℃～2℃的低温下贮存,一般可保鲜贮存10～15天。

(七)生产中的异常现象

1. 芽苗生长缓慢　主要原因是气温太低,或光照太强,或湿度太小,或营养不足。

2. 芽苗生长纤细　主要原因是气温过高,或光线太弱,或高温高湿引起徒长。因植株纤细,很容易倒状。

3. 芽苗纤维化　芽苗的纤维化导致品质下降,其主要原因是干旱或生长期过长造成的。

4. 幼苗期出现猝倒现象　豌豆芽苗在真叶展开的初期,有时出现猝倒现象,其主要原因是低温高湿造成的。防治措施是:除解决低温高湿外,应适当喷氯化钙或磷酸二氢钾,这样有利于缓解症状。

5. 出现烂种烂芽和黑霉、白霉现象　主要原因是种子质量不好,精选不彻底。应该及时淘汰劣种,并在喷淋清水前及时检查发芽情况,及时剔出霉烂种子。对上述各种异常现象,应有针对性地进行预防,也可提前采收食用。

有的粮油作物种子也可生产芽苗菜,如花生芽苗菜、苜蓿芽苗菜、荞麦芽苗菜等。

<h1 style="text-align:center">二十四、蘑　菇</h1>

(一)生物学特性

1. 形态特征　蘑菇属于真菌门担子菌纲伞菌科蘑菇属,是由孢子发育而成的。在适宜条件下,成熟的孢子发育成单核菌丝体,两个单核菌丝体结合成次生菌丝体,并进一步发育成子实体。子实体发育成熟就是一个完整的蘑菇。在培养料里生长是白色根状菌囊。幼小时为白色圆球形,长大成伞形,有菌柄、菌环,最上面是白色或褐色的菌伞,菌伞下面有呈片状的菌褶,菌褶由淡红色变为褐色,菌柄上有菌环见图 3-3。

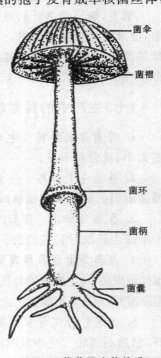

图 3-3　蘑菇子实体构造

2. 蘑菇生活史　蘑菇从孢子开始发育,经过一个完整的生育周期后则又产生孢子,孢子散发后遇到适宜条件发育成双核菌丝,双核菌丝在适宜条件下互相扭结成团,发育成胚胎(原基),而后进一步发育成子实体。子实体成熟后,某些双核菌丝发育成孢子,孢子着生于菌褶之间,成熟后被弹出,又开始一个新的生命循环见图 3-4。

3. 对环境条件的要求　蘑菇对环境条件的要求比较严格。孢子发芽的适温为 18℃~22℃,菌丝体生长的适温为 22℃(适应

· 198 ·

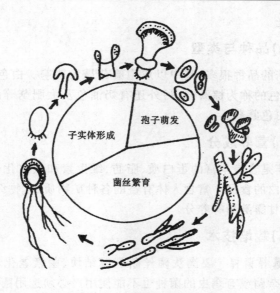

图 3-4 蘑菇生活史

温度范围为 20℃~25℃),子实体生长的适温为 16℃(适应温度范围为 15℃~25℃)。蘑菇对水分的要求较为复杂,过干或过湿都不能正常发育。在菌丝发育过程中,培养料的含水量为 50%~60%。在子实体发育过程中,培养料含水量为 60%~70%,空气相对湿度为 85%~95%;出菇期空气相对湿度为 85%左右为宜,孢子萌发期的空气相对湿度为 60%左右。蘑菇是一种好气性的真菌,在全生育过程中都需要充足的氧气。因此,对其生活环境必须加强通风换气,保证充足的氧气供应,保持空气新鲜。蘑菇生长对酸碱度适应范围较广,氢离子浓度在 3.16~3 163 纳摩/升(pH 值 5.5~8.5),其中以中性偏酸(氢离子浓度 100~1 000 纳摩/升,即 pH 值 6~7)的生长环境较好;但为了防止杂菌生长,以中性偏碱(氢离子浓度在 31.63~100 纳摩/升,即 pH 值 7~7.5)为宜。蘑菇生长不需要直射光,否则易黄化硬化,降低品质,但可适当供给散射光。

(二)品种与类型

蘑菇的品种很多,其中以双孢蘑菇最为普遍。白色的称为白蘑菇、棕色的称为棕蘑菇,另外还有奶油色及大肥菇等品种,栽培中多为白色蘑菇。

(三)营养成分

蘑菇是含有丰富的蛋白质、脂肪、维生素和碳水化合物,低热量、高蛋白的食品。富含人体有益的各种矿物质、食物纤维和游离氨基酸、甘露醇糖等养分。

(四)栽培技术

1. 选择菌种 要淘汰菌丝断裂或结块、菌索老化、有黄水的菌种,有杂菌或有螨虫的菌种也不能使用。必须选用菌丝健壮,并呈扇形绒毛状生长,而且只有少量菌索的菌种。无杂菌、无怪味、无虫害的菌种,则为优质菌种。

2. 配制培养料 培养料的配制,应在播种前 30 天进行,一般我国北方在 7 月中旬配制。蘑菇是腐生性真菌,培养料必须腐熟,应是富含碳、氮的物质,而且钙、磷、硫、钾等成分要适当调配。食用菌(包括蘑菇)培养料的碳氮比,如表 3-12 所示。

表 3-12 食用菌培养料的碳氮比

培养料	木屑	稻草	麦秸	玉米秸	稻壳	牛粪	羊粪	马粪	猪粪	鸡粪	兔粪	豆饼	花生饼
碳(%)	49.18	45.39	47.03	43.30	41.64	38.60	16.24	11.60	25.00	4.10	13.70	47.46	49.04
氮(%)	0.10	0.63	0.48	1.67	0.64	1.78	0.65	0.55	0.56	1.30	2.10	7.00	6.32
碳/氮	491.8	72.3	98.0	25.9	65.1	21.70	25.0	21.1	44.64	3.15	6.52	6.78	7.76

蘑菇培养料的碳氮比以 33：1 为宜,其质地必须疏松,有利于空气流通。每 100 米² 栽培面积的培养料,需牛粪干 2 500 千克、干

稻草 2 000 千克、尿素 30 千克,分别粉碎后充分混合,加水使其达到湿润程度,然后再加石膏粉调配酸碱度(在中性偏碱水平,一般加石膏粉 60 千克左右),然后攒成堆后拍实,盖上塑料膜使其发酵(也可参考表 3-12"食用菌培养料的碳氮比"进行配料)。通过发酵消灭各种病虫及杂菌。在配料发酵过程中,当堆内温度超过 75℃时,就应适当翻动堆料,以利于增加新鲜空气,重新升温,反复杀灭各种杂菌。一般堆料要翻动 4～5 次,每次间隔 3～5 天。在发酵过程中,可用 0.1％石灰水调节酸碱度,也可适当增加尿素或人畜尿,以补充发酵过程中碳、氮的营养损失。在堆料翻动过程中,要通过喷水措施调节湿度,以用手握培养料在指缝内有水滴但不滴下为宜。如堆料过湿,则需要晾晒。为了保证杀虫效果,在最后一次翻动堆料时,可喷施 80％敌敌畏乳油 400 倍液,并及时覆盖塑料膜,以保持药效。配制好的培养料,应是褐色,无味,松软,有弹性,无病菌,无害虫,酸碱度为氢离子浓度 31.63～50.12 纳摩/升(pH 值 7.3～7.5),比较湿润,含水量为 60％左右。

3. 菇房与进料消毒 对用于生产的菇房必须进行彻底清扫,清除一切杂物,只留栽培架,用清水冲刷门窗和墙壁,再用 60％的碱水或 5％石灰水或 3％漂白粉对菇房进行消毒。在进料前 2 天,每立方米用 50 克的硫磺,在严格密封的条件下进行熏蒸杀虫。配制好的培养料在进菇房前,需在外面进行消毒,一般按照每 100 米² 的培养料,用 40％甲醛 2.5 千克进行密闭熏蒸 24 小时。配料进房时用的工具和设备,也必须经过严格消毒。这样,才能尽量减少杂菌进入菇房。

4. 适时播种 我国北方一般在 8 月中旬,选择晴天,将经过消毒的培养料趁热运进菇房,均匀铺开,作为蘑菇的栽培床。一般每平方米需铺培养料 50 千克左右,铺的厚度为 15 厘米,当培养料温度降至 25℃时即可播种。播种前,用 0.3％高锰酸钾溶液洗手和擦工具,并将菌种瓶子表面揩干净,播种时瓶口表层的菌种除掉不用,然后按 8 厘米的株行距进行穴播(一般瓶装菌种,可播 0.35 米² 的栽培床),每穴深、宽各 3 厘米。将菌种播入穴内,四周盖上培养料,使中间稍露出土表,适当压实,以利于接触培养料,促使菌丝萌发。也可将菌种瓣成豆粒大小的颗粒,与培养料混合,均匀地撒播在栽培床上,适当拍压即可。

5. 播种后的管理

(1)通风与保湿 播种后 2～3 天内,要减少通风,加强保湿措施,以促菌丝萌发。播种 3 天后菌丝已经萌发,可适当加大通风量,并且通过喷水保持湿度。播后 6～7 天,清除被杂菌污染的培养料,并补种菌种,适当通风降湿,以防白霉和黑霉发生。为了杀灭螨虫,可喷施 0.2％敌敌畏,用量以每平方米 400 克为宜(参考表 3-13"食用菌生产需用的主要农药")。如发现培养料内不长菌丝,可能是湿度过大或培养料内有氨气,应加大通风,并在培养料上戳洞放出氨气。如果培养料过干,则要喷水保湿。在正常情况下,播后半个月菌丝可以伸入料内 10 厘米左右。

(2)覆土与保湿 覆土可改变培养料中菌丝生长的营养环境和湿度,促进子实体形成。覆土要用经过消毒的无杂菌、无虫卵、保湿通透性好的沙壤土,调节酸碱度以氢离子浓度 31.63～100 纳摩/升(pH 值为 7～7.5)为宜。消毒方法,用日光暴晒 2 天即可。随后,将覆土制成直径为 1 厘米和 3 厘米的土粒。当培养料表面长满菌丝,而且培养料内菌丝已伸入 10 厘米左右时,就可覆盖一层直径为 3 厘米的粗土粒;5～7 天后土粒空隙有菌丝时,可再盖一层直径为 1 厘米的细土粒。再过 10 天左右,在粗土粒与细土粒中间就有子实体形成,可以看到许多米粒大小的小菌蕾。这时,要适当喷水,以促出菇,一般每次每平方米喷水 1 升左右,连喷水 2 天。在喷水的同时,要加大通风量,以减少细土表面湿度。以后停止喷水,并减少通风,促使菌丝持续不断形成子实体,达到连续出菇。当子实体长到玉米粒大时再恢复喷水,每天喷水 1 次,每平方米喷水 1 升,以促使子实体快速膨大,多出成品。

6. 采收期的管理 蘑菇从播种到采收,一般需要 35～40 天。我国北方从 4 月上旬至 5 月中旬为春季出菇阶段,从 10 月初至 12 月初为秋季出菇阶段。在出菇期要掌握好温度和湿度。例如在秋季前期出菇多,后期出菇少,温度应由高到低,湿度也应由大到小。当菌蕾大批出土,有玉米粒大小时,要适当多喷水,使细土粒含水量达 20％左右(不粘手为宜),以促使出菇。一般每平方米喷水 1 升,气温控制在 25℃左右。2 天后减少喷水量,每天每平方米喷水 500 毫升左右,使土粒含水量保持在 18％左右,气温控制在 20℃左右,空气相对湿度始终控制在 90％左右。同时,通过对空间、墙壁和地面喷水调节温度和湿度;通过加强通风换气,保持菇房空气新鲜,以利于子实体加快生长。

要适时采收。当蘑菇的菌伞长到 3 厘米以上时就可采收,采迟了则伞盖裂开,有的变成薄皮菇,影响产量和质量。采收时先采密菇、大菇。为不伤及周围小菇,应用快刀小心割下。在旺产期,有时每天可采收 2 次。每茬采菇后都要清理栽培床(培养料面),第二天可喷 76％味精和 50％糖水。也可将制豆腐的下脚水加 3 倍清水稀释后,每平方米料面喷施 1 升,以利于菌丝生长和子实体的发育,增加商品产量。经过多茬采收后(一般 3 茬),当栽培床面上的菇稀少时,则可直接连根拔起,削根后分等级上市。一般每平方米可产蘑菇 8～15 千克。

(五)病虫害防治

1. 锈斑病 菌伞的表面有暗褐色斑点,并逐渐扩大连片,影响产品质量和产量。其主要原因是培养料消毒不彻底,菇房温度较高,通风不畅,而引起杂菌感染。防治措施是:对培养料彻底消毒发酵;在菇房内通风降温;对菇房喷 5％石灰水消毒;发病严重时,控制菇房温湿度,并用 0.04％土霉素和 0.04％链霉素向菇床隔日各喷 1 次,其后向菇床喷水,使菇床上层 pH 值保持在6.5～7.5。

2. 褐腐病 病体的菌柄和菌伞上有褐色肿瘤,整个子实体都包被着一层白霉。其主要原因是覆盖的土粒受杂菌污染。防治措施是:对覆盖的土粒进行彻底消毒;把染病的覆盖土粒和培养料及时清理出菇房;对培养料喷 50％多菌灵或甲基硫菌灵可湿性粉剂 500 倍液,或 50％菌毒清水剂 200 倍液进行消毒。

3. 螨类虫害 螨类害虫可将菌伞和菌柄咬成孔洞,有的还可侵害菌丝体。其主要原因是覆盖的土粒和培养料消毒杀虫不严。防治措施是:对培养料和覆盖土粒彻底消毒,并进行发酵杀虫杀菌;发现螨类虫害,可将湿纱布覆盖在覆土上,待螨虫爬到纱布上后,即将纱布放在沸水中煮,可以这样反复进行诱杀。

4. 菌蝇虫害 菌蝇的幼虫称菌蛆,蚕食蘑菇的子实体和菌丝,成虫和幼虫都可传播病害,对蘑菇造成很大损失。其主要原因是菇房、培养料和覆盖土粒消毒杀虫不彻底;有时进菇房内作业不小心,菌蝇也会趁机而入。因此,必须有针对性地进行预防,在接种前彻底消毒熏蒸。当发现菌蝇时,可利用其成虫的趋光性进行诱杀:将菇房全部遮光,留出一条光路,光路的一端设扑虫网,利用成虫趋光性进行诱扑消灭。另外,发现菌蝇危害时,尽量早采菇,然后用 0.5％敌敌畏喷雾杀灭成虫,也可按每平方米 9 克敌敌畏熏蒸培养料。

栽培蘑菇的用药比较严格,详见表 3-13"食用菌生产需用的主要农药"。

表 3-13　食用菌生产需用的主要农药

农药名称	使用方法	主要功效
敌敌畏	0.5％喷、熏蒸菇房 9 克/米²；用原料熏蒸	防治螨类、菌蝇
食盐水	5％浓度喷雾	防治蜗牛、蛞蝓
代森锌	0.1％倍液喷雾	防治真菌
甲基硫菌灵	1：500 倍液喷；1：800 倍液拌料	防治真菌，半知菌
多菌灵	1：500 倍液喷；1：800 倍液拌料	防治真菌、半知菌
链霉素	1：500 倍液喷雾	防治细菌
金霉素	1：500 倍液喷雾	防治细菌性烂耳
福尔马林	含甲醛 37％～40％，用 5％喷覆土 300 毫升/米²	防治细菌、真菌、线虫
新洁尔灭	0.1％表面消毒	皮肤、器具、材料消毒
漂白粉	2％～5％溶液	消毒与洗刷床架、材料
硫 磺	粉末熏蒸 15 克/米²	杀菌、消毒
硫酸铜	0.5％～1％溶液喷雾	防治真菌
高锰酸钾	0.1％洗刷器皿、床架、薄膜	防治真菌、细菌、害虫

二十五、蒲 公 英

蒲公英，又名婆婆丁、地贡、黄花苗、黄花郎。

(一)生物学特性

蒲公英属于菊科多年生草本植物。它有圆锥形的主根，并有少量侧根，根脆而多汁。短缩茎很粗很短。茎上丛生有 2～3 轮叶序，有 18～24 叶片，平展呈莲座状，叶长 14～26 厘米，叶宽 4～6 厘米，叶缘光滑或缺刻，羽状深裂有波状齿，叶柄与主叶脉呈绿色或红褐色，叶片多白浆。多年生宿根的短缩茎上有 3～5 束丛生叶片,每束都可形成单独个体。花梗细长中空,顶端着生头状花序,舌状花瓣,黄色小花,几乎长年开花,其中 5 月份开的花质量最好。果为瘦果,褐色,有白色冠毛,成熟后可以通过风传播种。种子细长,呈棒状,种皮与果皮不易分开,种子千粒重为 0.8～0.86 克。在低温下种子易生芽出苗,在高温下发芽困难。

(二)营养成分

蒲公英每 100 克鲜嫩叶芽中,含水分 84 克、脂肪 1.1 克、蛋白质 4.8 克、碳水化合物 5 克、钙 216 毫克、磷 93 毫克、铁 10.2 毫克、胡萝卜素 7.35 毫克、维生素 C 47 毫克、烟酸 1.9 毫克,此外还含有蒲公英甾醇胆碱、果胶、菊糖等物质。

(三)生活环境与分布

蒲公英喜较冷凉的环境,土壤化冻后即可萌发,气温 5℃ 即可生长。生长适温为 10℃～20℃,超过 25℃ 则生长发育不良,老化快。蒲公英较耐干旱、耐盐碱,对湿度要求不严,营养生长期要求土壤湿润。叶片在 15℃ 左右气候条件下,生长加快,平铺地面生长。开花结果期,喜较干的环境。对光照适应性强,长日照有利于开花结果。蒲公英在肥沃的沙壤土里可获优质高产,在黏土地里易老化停长。一般从播种至出苗需 5～6 天,出苗至团棵 20～22 天,团棵至开花 40 天左右(如果条件适宜,可以多次开花),开花至结果 5～6 天,结果至成熟 8～10 天,全生育期 80 天左右。低温或轻霜后,叶片呈紫绿色。

野生蒲公英,主要分布在荒坡、路旁、沟边、地头等处。

(四)栽培措施

根据蒲公英喜冷凉环境的特点,我国北方生产蒲公英多在春秋两季。春季土壤化冻后即可播种育苗,秋季应在 8 月中下旬开始生产。在幼苗期,应有遮阳降温和防雨措施,以确保蒲公英幼苗在较凉爽的环境中生长。蒲公英的繁殖,多用挖苗移栽或播种繁殖。

1. 挖苗移栽 一般在 4 月初的清明前后,挖出 1 年生的新根(新根细长,有吸收根,根皮浅褐色,粗大的老根不易成活),贮存在潮湿的细沙里备用。

移栽前要先整地施肥,每 667 米^2 施优质腐熟农家肥 2 000 千克,平撒后耕翻平整土地,做成 1.2 米宽的高畦,然后按行距 15 厘米开沟,按株距 10 厘米定植,栽的深度以短缩茎露出土表为准。然后覆土,稍镇压后浇水,接着覆盖地膜保湿保温,控制温度在 15℃～18℃,保持土壤潮湿。经 3～5 天即可出苗,这时应揭掉塑料膜,并锄铲松土促生根。土壤干旱时,随浇水每 667 米^2 追施尿素 10 千克。一般在出苗 25 天左右,叶片充分长大,可趁花梗还没抽生出时的幼嫩期采收。

2. 种子繁殖

(1)选种催芽 选用当年生的新种子,一般春季种子的发芽率高,生命力强。将种子进行搓擦风选,去掉瘪籽与冠毛,然后在 15℃～20℃条件下保湿催芽,经 5～8 天发芽率可达 97%。催芽温度不可超过 25℃,否则发芽困难,甚至不发芽。催芽后,在苗床内育苗,或满畦撒种直播。

(2)配制床土 用肥沃园田土 5 份、细沙 2 份、优质腐熟粗肥 3 份,分别过筛后均匀混合制成。

(3)播种育苗 将配制好的床土平铺在苗床上约 10 厘米厚,或者装入营养钵里,稍镇压后浇水,待水渗下后,按 10 厘米穴距或以营养钵为单位播种。每穴播种发芽的种子 3 粒,覆土 0.5 厘米厚,最后覆地膜保温保湿,控温在 15℃～18℃,经3～4 天即可出苗,出苗后揭膜松土促进生根。

(4)合理定植 在 2 叶期定苗,每穴留 1 株壮苗。在 4 叶期往地里移栽,行距 15 厘米,株距 10 厘米。如果满畦撒播,4 叶期定苗,其株行距 10 厘米左右。

(5)田间管理　蒲公英长到 6～7 叶期,进入莲座团棵期。因下部叶片平铺地面生长,所以要适当控水,更不可积水,以防烂叶。如果追肥,可随水追施。要选沙壤土栽培,有利于透水通气。另外,空气相对湿度不可太大,一般在 50%～60% 即可,否则易患病害。

(五)采收与食用

1. 适时采收　移栽缓苗后 20 天左右即可采收,用种子直播可在定苗后 25～30 天采收。采收的标准是:叶片充分长大,叶厚色绿。一般有 10～12 片肥大的功能叶,而且花梗还没有抽生出来,趁叶芽幼嫩的时候采收为宜。

采收的方法,可以掰外围的大叶片,留小叶或心叶继续生长;也可整株连根拔起,或用锐刀从根茎部割下来,然后用清水洗净,捆把上市。

2. 食用方法　蒲公英的食用方法很多,可以蘸酱生食,也可凉拌、炒食或制成菜团蒸馍。另外,蒲公英味甘,微苦寒,还有健胃解热、消炎解毒之功能。

(六)病虫害防治

蒲公英的病害主要是霜霉病,危害叶片,使叶背面生有灰白色霉层,湿度高时叶片腐烂,如遇连阴雨天则易蔓延。发病的主要原因是高湿和种植密度过大。防治措施是:在栽培管理方面,防止大水漫灌;栽培密度不可太大;还要预防栽培畦积水,宜采用高畦栽培。在棚室内栽培的要加大通风量。另外,要适当增施钙肥和磷、钾肥,以利于提高植株的抗病性。再者,也可适当提前采收。如果在苗期出现霜霉病,因到收获期还有近 1 个月时间,所以可喷施

25％百菌清可湿性粉剂 500 倍液防治；棚室内可喷 5％百菌清粉尘，每 667 米² 用量 300 克左右。如果在生长的中后期出现霜霉病，则不可用农药防治。

蒲公英的虫害主要是潜叶蝇。在发病初期，可拔除中心虫害株或叶片，同时喷施 1.8％阿菌维素乳油 400 倍液进行防治。

二十六、马齿苋

马齿苋，又名马苋菜、蚂蚁菜、安乐菜、酸米菜、长命菜、瓜子菜、五行菜、马蛇子菜、马子菜。

(一)生物学特性

马齿苋属于马齿苋科 1 年生草本植物。根系粗壮发达。茎直立、斜生或平卧，由茎基部分枝，枝为圆柱状黄绿色，向阳面呈褐红色。叶片互生或对生，呈倒卵形或匙形，叶柄极短，叶中脉稍突起。全株肉厚多汁，光滑无毛。两性花，3～5 朵簇生于枝顶端，形成聚伞花序，花瓣为 5 片黄色小花。果为圆锥形蒴果，成熟后顶端自然开盖，扩散出较多的种子。种子细小，扁圆，黑褐色，表面有小瘤状突起。

马齿苋喜温暖湿润环境，同时又耐旱耐涝。在肥沃的土壤中生长加快，而且品质好；在瘠薄土壤里也可正常生长。马齿苋耐光又耐阴，在弱光下生长快而幼嫩，在强光下仍可继续生长，因此俗称"晒不死"。

(二)营养成分

每 100 克嫩茎叶中含有蛋白质 1.8 克、脂肪 0.7 克、糖类 2.6 克、粗纤维 0.7 克、钙 79 毫克、铁 1.3 毫克、胡萝卜素 2.09 毫克、维生素 C 23 毫克。

（三）生长环境与分布

马齿苋耐旱耐涝，耐强光，喜肥水。生长的适宜温度为20℃～30℃，要求空气干燥而土壤潮湿的环境。由于其耐阴又耐日晒，因而在连阴雨天易徒长，如光照太强则易老化。马齿苋喜向阳肥沃的土壤，以沙壤土最好。马齿苋抗病力强，生长力旺。

野生马齿苋，主要分布于田间、荒地、路旁及庭院内，特别是在土岗、沙丘处更易生长繁衍。

（四）栽培措施

马齿苋可以用种子繁殖，也可以用分根法或压条法繁殖。

1. 种子繁殖　在气温15℃以上即可播种，我国北方地区于3月下旬至7月下旬都可播种。播种前要先整地施肥，每667米²施腐熟基肥2000千克，耕翻后做成1.2米的平畦，在土壤湿润的基础上满畦撒播。每667米²播种量700克。由于马齿苋种子太小，可将种子与5倍的细沙混匀后再撒播，播后覆盖细潮土0.5厘米厚。在早春季节，为防寒流，播后应覆地膜或盖草，以保温保湿。当幼苗出土后，则应揭膜或清除盖草。如果夏季播种，在幼苗出土初期，应扣遮阳网，并要及时除草和排除雨水。在土壤墒情好的情况下，播后2～4天即可出苗。出苗10天后进行间苗，株距5厘米左右。随后，可浇水追肥，每667米²施尿素10千克，并及时清除杂草。播后30天左右，茎叶充分长大，趁还未开花现蕾时的幼嫩期进行收获。如果需要采种，应在果实还未开盖时采收果实，否则种子成熟后就会自行开盖撒落。

2. 分根法繁殖　将成株连根挖起，从根的基部有分杈处擘开，使每个擘开的分株都带有适量的须根和侧根，经晾晒稍干后，即可往畦里定植，也可先蘸生根粉溶液，而后再定植。栽种时，要埋在土里1节茎，株行距为10厘米×10厘米。栽后覆土，稍镇压再浇水,一般经3~5天即可缓苗。缓苗后,即可追肥浇水,以促使茎叶生长。

3.压条法繁殖　在每株的四周将较长的茎枝压倒在地,每隔3节用潮土压1个茎节(压土的前面要留2~3节茎),使其在土里生根。当压土处的茎节生根后,即可与主体分开,这样就能形成一株新的独立的个体。

(五)采收与食用

一般在播种或定植后1个月左右,茎叶就可充分长大。当茎叶粗大肥厚且幼嫩多汁时,要趁还没现蕾前及时采收。如已现蕾,则应将花蕾摘掉,然后用清水洗净,捆把上市。

马齿苋的食用部分是幼嫩茎叶,可以做馅、做汤和炒食,或用开水烫过后凉拌,也可将嫩茎叶晒至纯干贮藏备用。另外,马齿苋全株都可入药,有解毒消炎和利尿功能,同时还可治细菌性赤痢。

(六)常见病虫害

1.叶斑病

(1)主要症状　马齿苋叶斑病属真菌性病害,主要危害叶片。以菌丝体和分生孢子丛在病残体上越冬。受侵染叶片初期表面有针尖大小褪绿或浅褐色小斑点,边缘有褐色线形隆起。发病后期,在潮湿条件下会长出灰色霉状物。

(2)防治方法　一是及时清洁田园卫生。二是合理肥水,及时清除田间积水,避免偏施氮肥,保证植株长势健壮。三是药剂防治。初期喷施75%多菌灵可湿性粉剂600~800倍液,或50%百菌清可湿性粉剂800倍液,10~15天喷施1次,连续2~3次。

2.蜗牛

(1)危害特点　以成贝或幼贝危害幼苗。蜗牛的发生与雨量有关,若前一年9~10月份雨量较大,翌年春季易发生。

（2）防治方法 一是地膜覆盖。二是利用天敌进行捕杀,蜗牛的天敌有步甲、蛙、蜥蜴等。三是药剂防治。在沟边、地头或作物间撒生石灰,每 667 米² 用 5～7.5 千克生石灰或茶籽饼 3～5 千克,撒在作物附近,可防止蜗牛进入。清晨在蜗牛未潜入土中时,用灭蛭灵 800～1 000 倍液,或硫酸铜 800～1 000 倍液,或 1％食盐水喷洒消灭蜗牛。

二十七、蕨 菜

蕨菜,又名蕨薹、龙头菜、鹿蕨菜、假拳菜、胖嘟嘟等。

(一)生物学特性

蕨菜属于凤尾蕨科多年生草本植物。它的地下根状茎匍匐生长,株高 1 米左右。叶为三回羽状复叶,由地下茎长出,似三角形,叶长 30～100 厘米,叶宽 20～60 厘米,叶片的第一次裂片对生,第二次裂片呈披针形,小裂片线状革质,叶缘向内卷曲似拳头,叶背有毛,叶柄长 30～80 厘米。卷叶里着生红褐色孢子囊群,子囊成熟后散发出大量孢子。

(二)营养成分

每 100 克鲜嫩的蕨菜中,含水分 86 克、脂肪 0.4 克、蛋白质 1.6 克、碳水化合物 10 克、钙 24 毫克、磷 29 毫克、铁 6.7 毫克、维生素 C 36 毫克、胡萝卜素 1.68 毫克,还含有角固醇、胆碱等物质。

(三)生长环境与分布

野生蕨菜一般在 4 月初的清明前后,地温 5℃ 以上时开始生长。蕨菜喜冷凉的环境,适应范围广,生长的适温为 15℃～20℃,要求土壤湿润。在 5 月末的夏初期间,是孢子繁殖季节,要求湿度较高。蕨菜较耐瘠薄,在富含有机质的沙壤土更有利于蕨菜的生长。蕨菜喜光,但对光照要求不严,广泛分布在荒坡、村旁、河边、沟沿等地的阳坡面。

(四)栽培措施

蕨菜多用匍匐的根状茎进行繁殖,也可以用种子繁殖。利用根状茎繁殖的方法是:将蕨菜的根状茎挖出来,选择粗壮的根状茎截成 25 厘米长的小段,在湿沙内贮存备用。一般在 4 月份,当 10 厘米地温稳定在 10℃时就可定植。定植前要先整地施肥,每 667 米^2 施优质粗肥 5 000 千克,耕翻平整后做成 1.2 米宽的高畦,然后按行距 30 厘米开沟(沟深 5 厘米),按 20 厘米的株距将作种苗的根状茎顺沟平摆,随后覆土,接着稍作镇压再浇水,最后覆盖地膜保温保湿。出苗后,要及时揭掉地膜,除草松土,以促幼苗生长。当株高 3～5 厘米时,如土壤干旱则要浇水,并随浇水每 667 米^2 追施尿素 10 千克,加快营养生长。蕨菜可以多次采收。每次采收完后都要晾晒 1～2 天,然后再进行追肥浇水,以促进茎叶生长;同时保持田间湿润,以利于提高质量。

(五)采收与食用

移栽定植后 30 天左右,株高 20～30 厘米时,即可选择粗大的嫩茎和顶部叶卷还未开裂的叶芽采收下来。采收的叶芽越长越好,一般要求在 20 厘米以上。采收最好在无雨露的时候进行,可用手掰,或用锐刀从地表的叶柄处割下,但千万不可损伤地下的根状茎。蕨菜采后,按大小分级,捆把上市。捆把时要求顶部齐平,如准备盐渍应将蕨菜从基部切齐。如果准备用蕨菜加工淀粉,则在冬初地上叶凋萎后,挖出地下根茎,用清水洗净后,切成 8 厘米长的小段,然后再进一步加工。

蕨菜的嫩茎和叶芽都可食用。有的叶柄有苦味,应先在开水中烫过后,再用清水浸泡 8～10 小时后食用。蕨菜可炒食、凉拌,也可制成干蕨菜或腌渍小菜,还可用根状茎加工成淀粉。蕨菜可全株入药,具有助消化、去油腻、祛风、利尿之功效。

(六)病虫害防治

蕨菜生长期很少发生病虫害,展叶后有时发生蚜虫危害,可用阿维菌素和苦参碱溶液喷施。

二十八、蕺　菜

蕺菜,又名鱼腥草、岑草、侧耳根、臭菜、鱼鳞草等。

(一)生物学特性

蕺菜属于三白草科多年生草本植物。它的地下茎细长而匍匐蔓延,茎节处生有少量须根;地上茎直立,茎梢有分枝,株高 50 厘米左右。茎上叶片互生,叶为心脏形,长 4～6 厘米,宽 3～4 厘米,叶面密生细粒,叶片全缘,网状叶脉明显,叶柄茎部鞘状,托叶下部分与叶柄合生。植株能散发出一种鱼腥味,食用时有吃生鱼的味道。茎梢的分枝上有穗状花序,花序由白色小花组成。果为蒴果顶裂,种子卵形,有条纹。

蕺菜较耐阴湿,喜阴凉、肥沃、地下水位较高的壤土。它对光照的要求不严,但喜弱光和阴雨环境,在强光下生长缓慢,且易老化。它在生长中,需要较多的钙、磷肥和适量的氮肥。

(二)营养成分

每 100 克蕺菜中,含碳水化合物 0.3 克、膳食纤维 0.3 克、胡萝卜素 3 450 微克、维生素 C 70 毫克、钙 123 毫克、钾 718 毫克。

（三）生长环境与分布

蕺菜喜温喜水喜肥。一般进入 5 月份后，在气温 15℃ 以上时生长加快，生长最适温度为 15℃～25℃，整个生育期内都需湿润环境。对土壤的适应性强，土质肥厚、地下水位较高的壤土，更有利于蕺菜的生长。

野生蕺菜，主要分布在树下湿地、河边、沟旁及沥涝低洼荒地等阴湿地带。

（四）栽培措施

蕺菜多用地下茎繁殖。在 4 月中下旬，随着地温和气温的升高，蕺菜开始生长。这时将地下茎挖出，选择粗壮多根的地下茎，按 5 厘米截成小段，贮存在 15℃ 以上的湿沙中备用。

1. 选地整地　选择地势比较低洼、水源丰富、并富含有机质的壤土，每 667 米^2 施 3 000 千克优质粗肥作基肥，然后深翻做成平畦，畦宽 1.2 米，再按 30 厘米行距开沟，沟深 10 厘米，沟底宽 6 厘米，株距 6～8 厘米。

2. 移栽定植　将选好贮存的鲜蕺菜地下茎段，按株距 5 厘米平行放在沟底，覆土 10 厘米厚，稍作镇压，再覆地膜，保持温度在 25℃ 左右，并保持土壤潮湿。

3. 出苗后的管理　移栽定植后，经 5～7 天即可出苗。出苗后，揭掉塑料膜，除草松土，促进生根长叶。当株高 10 厘米左右时，随着浇水每 667 米^2 追施尿素 10 千克。在全生育期都要保持土壤湿润，温度控制在 18℃～25℃。进入采收期以后，要及时采收，每次采收完后都应晾晒 2 天，促使伤口愈合，然后再进行正常的肥水管理，促使茎叶生长。

（五）采收与食用

一般移栽定植后 30 天左右，株高 20～30 厘米时，就可趁茎叶幼嫩期采收。采收的时间，要选择在无雨露的上午，将 20 厘米以上的嫩茎叶，从地表上 3～4 厘米处采下来（其余部分继续生长），然后捆把上市。夏初采收嫩茎叶，秋冬挖地下茎。

蕺菜以嫩茎叶为食。由于它有很浓的鱼腥味和辛味，所以食用前需先用沸水浸烫，清除辛腥味，而后再用清水浸泡后才可食用。经过处理的嫩茎叶，可以炒食、凉拌、做汤，也可以烧菜或酱渍。另外，蕺菜微寒味辛，具有清热解毒功效。但必须注意，蕺菜不可多食，否则会令人气喘，两脚无力。

（六）常见病虫害

蕺菜的常见病害是白绢病。白绢病主要危害植株茎基部和地下茎。发病初期地上茎叶变黄，地下茎表面遍生白色绢丝状菌丝，茎基及根茎出现黄褐色及褐色软腐；中后期在布满菌丝的茎及附近土壤中产生大量油菜子状的菌核。防治方法：一是水旱轮作，与水生植物（稻、莲）轮作 1 年或以上。二是严格选种，剔除有病种茎。三是发病初期用 40% 菌核净可湿性粉剂 800 倍液灌根，或39.5% 氟啶胺水悬剂 2 000 倍液喷雾，采收前 10 天停止用药。

二十九、蒌　蒿

蒌蒿，又名香艾、芦蒿、驴蒿、水艾、水蒿、小艾、藜蒿等。

（一）生物学特性

蒌蒿属于菊科多年生草本植物。它的根系发达，根状茎白而粗壮，须根上有根毛。地下茎可抽生地上茎，地上茎直立，株高

100 厘米左右,茎粗 0.6～0.8 厘米,茎秆紫红。叶片柳叶状,叶缘呈锯齿形,叶腋处有针状小叶,叶长 15 厘米左右,叶宽 2～4 厘米,叶正面深绿色,叶背有白色茸毛而呈银白色,下部叶片在花期枯萎,中部叶片较密,上部叶片呈条形全缘。茎的顶部有直立的花枝,花枝上着生有短梗的头状花序,多数密集在一起,组成复总状花序,小花黄色。果实为细小的瘦果,有冠毛,成熟后可随风飘移。

(二)营养成分

每 100 克鲜嫩的茎芽中,含蛋白质 3.6 克、灰分 1.5 克、钙 730 毫克、磷 10.2 毫克、铁 2.9 毫克、维生素 C 47 毫克、胡萝卜素 47 毫克,此外还含有芳香油,肥大的根茎富含淀粉。

(三)生长环境与分布

蒌蒿适应性强,抗逆性强,耐瘠薄,耐盐碱。气温在 10℃ 以上就可生长,生长的适温为 15℃～18℃,当气温升至 20℃ 以上时茎秆易老化。蒌蒿喜湿又耐旱,光照不足时生长细弱。对土壤要求不严,但在保水保肥的肥沃沙壤土里,可创高产。

野生蒌蒿多生长在低洼潮湿的荒地、山坡草地、河溪沟旁,在田埂、渠边也有零散生长。

(四)栽培措施

蒌蒿可用扦插、分株、地下茎繁殖,也可用种子繁殖。

1. 种子繁殖 首先,要选择土壤肥沃、水源充足、保水保肥的地块,每 667 米^2 施腐熟的优质粗肥 3 000 千克,普施后耕翻做成 1.2 米宽的平畦,以备播种。一般在 4 月上中旬开始播种,气温在 15℃ 以上时最好。播前先将畦内浇透水,水渗下以后开始播种,一般在畦内撒播。因种子太小,可与 10 倍的细沙混合后再播,播后盖细潮土 0.5～0.8 厘米厚,然后覆地膜保温保湿,一般经 7～10

天即可出苗。出苗后,应及时揭掉地膜,并除草间苗,苗距2～3厘米;2叶期进行第二次间苗,株距5～6厘米;4叶期定苗,株行距各10厘米。同时,要除草松土,促使幼苗生长。当土壤干旱时,要及时浇水,并随水每667米^{2}追施尿素10千克。一般在定苗后20天左右就可采收,割下幼嫩部分。每茬采收后,晒1～2天,以促使伤口愈合,然后,再进行水肥齐攻,促使茎叶生长。一般每20天左右,就可割收1茬。

2. 扦插繁殖　当地温达到12℃以上时就可进行扦插繁殖。先选地、施肥、做畦,以备扦插。插条要选择粗壮的枝条,剪成15厘米长的小段,按株行距各10厘米,将插条以30°角斜插入土中10厘米,插条顶部刚露土表即可。插后稍加镇压即行浇水,其他管理措施与种子繁殖法相同。

3. 分株及地下茎繁殖　先将植株连根挖起,然后按1～2个茎秆为1组连同根茎分割成单株进行移栽。如果用地下茎繁殖,则将地下茎每隔3节截成一段,按行距20厘米开沟,沟宽和沟深各5厘米,然后按株距10厘米移栽。栽后覆土镇压,接着浇水,其他管理方法与种子繁殖法相同。

(五)采收与食用

蒌蒿的嫩茎、芽、叶皆可食用,地下根茎也可食用。当株高20厘米以上、枝顶的心叶还未展开时,趁茎芽幼嫩时采收最好。采收方法是:选择晴天上午,用锐刀将地上茎贴地表割下,然后摘掉下部的叶片,用清水洗净后,捆把上市。如果分次采收,只挑选20厘米以上的嫩茎割收,其余的让其继续生长。这样,每10天就可收获1次。采下的嫩茎,可码在阴凉清洁处,盖上湿草苫,经过8～20小时后可达到软化程度,此时食用最好。秋季挖地下根茎食用,需先进行必要的加工。

蒌蒿的嫩茎或经软化的嫩茎,可炒食和凉拌,有独特的清香风味。肥大的根茎可制淀粉,其芳香油可作香料。

(六)病虫害防治

萎蒿抗逆性强,很少发生病虫害。主要病害为软腐病。发病初期可用农用链霉素喷施 1～2 次。在炎热、干旱的夏季会有蚜虫为害,可用 50％抗蚜威可湿性粉剂 2 000 倍液,或 20％吡虫啉乳油 4 000～5 000 倍液,或 25％喹硫磷乳油 1 000 倍液喷施防治,每隔5～7 天喷 1 次,连喷 2～3 次。

三十、小根蒜

小根蒜,又名山蒜、小根菜、苦蒜、泽蒜、野蒜、薤白等。

(一)生物学特性

小根蒜属于百合科多年生草本植物。它的地下鳞茎呈球形,鳞茎的茎盘上着生多条肉质根,母鳞茎可分蘖出 1 个至几个子鳞茎,鳞茎外皮有无色膜质皮包着。叶片细长,呈管状,绿色,微有纵棱,叶鞘长并呈黄绿色,叶片丛生,一般有 3～5 叶。细长的花茎从叶丛中抽出,顶生伞形花序,密生淡紫色小花,呈半球形或球形,花梗细长并超出花的被片,花序上的部分花可形成珠芽,多数花可形成果实。果为蒴果,成熟后顶端开裂散出种子。每果有 2～5 粒黑色种子,种子盾形,千粒重 0.96 克左右。

(二)营养成分

每 100 克新鲜小根蒜中,含水分 68 克、脂肪 0.4 克、蛋白质 3.4 克、碳水化合物 26 克、钙 100 毫克、磷 53 毫克、胡萝卜素 0.09 毫克、铁 4.6 毫克、维生素 C 36 毫克,另外还含有核黄素、烟酸等营养成分。

（三）生长环境与分布

一般在 3 月中旬土壤解冻时,小根蒜就开始生长。它喜凉爽气候条件,夏季高温期就开始休眠,冬季土壤结冻后则以小鳞茎在地下越冬,春秋季节生长最旺。在气温8℃～18℃、土壤潮湿、光照充足、肥沃的沙质壤土上生长最适宜。一般 4 月中下旬就可采集食用,在秋季 10 月份也可采收。

小根蒜的分布,主要在山野、荒坡或田间、路旁,在沙质土和壤土的朝阳地段生长较多。

（四）栽培措施

小根蒜可用种子或球芽繁殖,也可用小鳞茎移栽。

1. 种子繁殖 小根蒜生长环境较为冷凉,因此播种可在春、秋两季进行。春播生长期短,植株生长缓慢,当年收获量较低。秋播在 9 月份高温期过后进行,鳞茎在地下越冬,翌年春季可获高产,这时也可留种采种。用种子繁殖,在播种前要先整地施肥,每 667 米² 施用优质腐熟的粗肥 2 000 千克,普撒后耕翻做成高畦,畦宽 1.2 米,浇透水后先撒 0.5 厘米厚的细土,再满畦撒播。播后覆细潮土 0.5 厘米厚,随后覆盖塑料膜或稻草保湿。出苗后,将覆盖物撒掉。在幼苗 2 叶期进行间苗,株距 2～3 厘米,同时进行除草;在 3～4 叶期定苗,株距 6～8 厘米,同时除草浇水。在 4 叶期后,叶尖微黄,这是地下鳞茎膨大的标志,这时要加强水肥管理,在浇水同时每 667 米² 追施尿素 10 千克。在 5 月中下旬即可采收上市,否则因夏季高温,植株进入休眠期,将会出现自然萎蔫枯黄现象。秋播一般在 8～9 月份进行,可采取条播或畦播方法,在苗期要防高温。秋播出苗后,要预防湿涝积水,越冬前必须形成壮苗,即叶片黑绿粗壮,并已长出 3 叶 1 心。封冻前,要浇封冻水肥,每 667 米² 施用人粪尿 1 000 千克。当冬季气温低于—10℃以下时,要随着气温的下降在畦面上盖上稻草。在春季化冻时,慢慢清除稻草和枯萎叶片,然后浇返青水。至 4 月中旬可追施速效化肥,以加快营养生长,促使鳞茎分蘖和膨大。同时,要把抽生出的花茎摘掉,以控制生殖生长。在 5 月上中旬,即可进入收获期。

2. 用鳞茎繁殖 在春、秋两季,将小根蒜连根挖起,地下鳞茎的小分蘖也可在根盘处小心掰开,使每个小鳞茎都带有适量的须根,然后将其按大小分出等级,在备好的高畦里,按 8 厘米行距开沟,按 5 厘米株距定植。随后,覆盖薄土,稍加镇压,而后再浇水。其他管理方法与种子繁殖法相同。

(五)采收与食用

最适宜的采收期为 5 月的上中旬,这时其茎叶已充分长大,叶片黑绿肥厚,地下的鳞茎也充分膨胀长大。采收的方法是:将小根蒜连根挖起,用清水洗净,然后捆把上市,也可按鳞茎大小分级捆把出售。

小根蒜全株都可食用,生食熟食皆宜,其风味独特,生食可蘸酱、腌渍、凉拌,熟食可炒食、作馅或者当佐料。其味甘甜辛辣,鳞茎有健胃、润肠、祛痰、解毒的功效,外用可治火伤。

(六)常见病虫害

1. 疫 病

(1)主要症状 小根蒜疫病属于真菌性病害。叶片被害始于中下部,初为水渍状暗绿色斑,渐向上发展,病部失水,缢缩,腐烂,致病部以上叶片萎蔫下垂。多雨季节发病严重。

(2)防治方法 一是加强管理,避免连作重茬。平整土地,做到雨后不积水。保护地加大通风,降低田间湿度。二是药剂防治。发病初期交替用 25% 甲霜灵可湿性粉剂 800 倍液,或 72.2% 霜霉威水剂 800 倍液喷雾。每 7～10 天喷 1 次,连续 2～3 次。

2. 葱蓟马

(1)危害特点　俗名烟蓟马,为杂食性害虫。成虫或若虫均以锉吸式口器进行危害。受害后产生很多细小的灰白色长条形斑,严重时叶片萎蔫,甚至枯黄扭曲。4～5月份危害最严重。

(2)防治方法　一是减少越冬虫源,清除田间枯枝残叶。二是药剂防治。可喷5%氟虫腈悬浮剂2 500倍液,或50%乐果乳油1 000倍液,或10%吡虫啉可湿性粉剂2 000倍液。每7～10天喷1次,连续2～3次。采收前7天停止用药。

参考文献

[1] 马会国,杨兆波.蔬菜无公害标准化生产技术.中国农业科学技术出版社,2006.

[2] 解晓悦,李灵芝.绿色蔬菜生产与营销.中国社会出版社,2005.

[3] 吕佩柯,苏慧兰,李明远,等.中国蔬菜病虫原色图鉴.学苑出版社,2006.

[4] 李丁仁,董学礼,李爽.无公害蔬菜栽培与采后处理技术.宁夏人民出版社,2006.

金盾版图书,科学实用,
通俗易懂,物美价廉,欢迎选购

提高绿叶菜商品性栽培技术问答	11.00	萝卜高产栽培(第二次修订版)	5.50
四季叶菜生产技术160题	8.50	萝卜标准化生产技术	7.00
绿叶菜类蔬菜病虫害诊断与防治原色图谱	20.50	萝卜胡萝卜无公害高效栽培	9.00
绿叶菜病虫害及防治原色图册	16.00	提高萝卜商品性栽培技术问答	10.00
菠菜栽培技术	4.50	萝卜胡萝卜病虫害及防治原色图册	14.00
芹菜优质高产栽培(第2版)	11.00	提高胡萝卜商品性栽培技术问答	6.00
大白菜高产栽培(修订版)	6.00	马铃薯栽培技术(第二版)	9.50
白菜甘蓝类蔬菜制种技术	10.00	马铃薯高效栽培技术(第2版)	18.00
白菜甘蓝病虫害及防治原色图册	14.00	马铃薯稻田免耕稻草全程覆盖栽培技术	10.00
怎样提高大白菜种植效益	7.00	马铃薯三代种薯体系与种薯质量控制	18.00
提高大白菜商品性栽培技术问答	10.00	怎样提高马铃薯种植效益	10.00
白菜甘蓝萝卜类蔬菜病虫害诊断与防治原色图谱	23.00	提高马铃薯商品性栽培技术问答	11.00
鱼腥草高产栽培与利用	8.00	马铃薯脱毒种薯生产与高产栽培	8.00
甘蓝标准化生产技术	9.00	马铃薯病虫害及防治原色图册	18.00
提高甘蓝商品性栽培技术问答	10.00	马铃薯病虫害防治	6.00
图说甘蓝高效栽培关键技术	16.00	马铃薯淀粉生产技术	14.00
茼蒿薤菜无公害高效栽培	8.00	瓜类蔬菜良种引种指导	16.00
红菜薹优质高产栽培技术	9.00		
根菜类蔬菜周年生产技术	12.00		
根菜类蔬菜良种引种指导	13.00		

以上图书由全国各地新华书店经销。凡向本社邮购图书或音像制品,可通过邮局汇款,在汇单"附言"栏填写所购书目,邮购图书均可享受9折优惠。购书30元(按打折后实款计算)以上的免收邮挂费,购书不足30元的按邮局资费标准收取3元挂号费,邮寄费由我社承担。邮购地址:北京市丰台区晓月中路29号,邮政编码:100072,联系人:金友,电话:(010)83210681、83210682、83219215、83219217(传真)。